Khaled Arafat

Tamareira: As doenças fúngicas da podridão radicular e o seu controlo

Khaled Arafat

Tamareira: As doenças fúngicas da podridão radicular e o seu controlo

Doenças fúngicas da tamareira

ScienciaScripts

Imprint

Cover image: www.ingimage.com

This book is a translation from the original published under ISBN 978-3-659-89373-5.

Publisher:
Sciencia Scripts
is a trademark of
Dodo Books Indian Ocean Ltd. and OmniScriptum S.R.L publishing group

120 High Road, East Finchley, London, N2 9ED, United Kingdom
Str. Armeneasca 28/1, office 1, Chisinau MD-2012, Republic of Moldova, Europe
Managing Directors: Ieva Konstantinova, Victoria Ursu
info@omniscriptum.com

Printed at: see last page
ISBN: 978-620-8-60372-4

ÍNDICE

RESUMO

As tamareiras, nas condições egípcias, estão sujeitas à infeção por diferentes doenças causadas por muitos fungos patogénicos transmitidos pelo solo, que provocam uma podridão radicular considerável nos rebentos e nas árvores. Foi efectuado um inquérito durante quatro anos para diagnosticar doenças em tamareiras em sete províncias. O fungo mais virulento foi o *Fusarium oxysporum*, que causou a podridão radicular da tamareira, seguido do *F. moniliforme, F. solani, Thielaviopsis paradoxa, Botrydiplodia theobromae e Rhizoctonia solani.* Todas as cultivares testadas foram susceptíveis aos fungos patogénicos do solo, tendo a cultivar Hayany sido a mais suscetível aos fungos testados. Os graus de temperatura e a humidade relativa afectaram os fungos patogénicos *in vitro* e em estufa. Os factores ambientais foram registados em algumas províncias e analisados para prever as doenças de podridão radicular da tamareira. A incidência e a severidade da doença aumentaram sob altos níveis de salinidade da água e do solo, para todas as cultivares testadas. Os extractos de plantas preparados com água fria foram os mais eficazes contra o crescimento de fungos patogénicos *in vitro*, em comparação com os mesmos extractos de plantas preparados com água quente. O extrato de planta mais eficaz foi o de manjerona. Os óleos de alho e de jojoba foram os mais eficazes contra os fungos patogénicos. Os microrganismos isolados do solo e da rizosfera, *nomeadamente* o *Trichoderma harzianum* e *o Bacillus subtilis*, foram os mais eficazes contra os fungos patogénicos. O Plant-Guard (biofungicida) foi o mais eficaz contra os fungos patogénicos *in vitro.* O Topsin M70 foi o mais eficaz *in vitro* contra o crescimento micelial e a germinação de esporos, seguido do Kema-Z. Em estudos de estufa, o Topsin M70 foi o mais eficaz na redução da gravidade da doença, seguido do Kema-Z, enquanto os óleos de alho e de jojoba foram moderadamente eficazes antes e depois da inoculação. O Plant-Guard foi eficaz como tratamento biofungicida antes da inoculação, em comparação com o tratamento após a inoculação.

Palavras chave: Tamareira, *Fusarium* spp., *Botryodiplodia theobromae, Thielaviopsis paradoxa, Rhizoctonia solani,* Fungos do solo, Modelo de previsão, Extractos de plantas, Óleos naturais, Luta biológica, Luta química.

CAPÍTULO 1. INTRODUÇÃO

A tamareira *(Phoenix dactylifera* L.) pertence à família Palmae (Arecaceae), era conhecida como uma árvore de fruto valiosa e é uma das árvores de fruto mais importantes do Egito. É cultivada em todo o país. É conhecida como um fruto do deserto. As tamareiras preferem o clima tropical e subtropical para crescer, incluindo a região norte de África, o sudoeste da Ásia, o sul da Europa (Itália e Espanha) e a Florida dos Estados Unidos. No Egito, existem mais de 12.183.000 milhões de árvores fêmeas em todo o país, cultivadas em 87.690 feddans, produzindo 1.328.721 toneladas de tâmaras de fruto **(Anónimo, 2009).** Este número está a aumentar rapidamente à medida que mais áreas desérticas estão a ser plantadas todos os anos.

As tamareiras estão sujeitas à infeção com certas doenças, causadas por vários agentes patogénicos. Os agentes patogénicos mais importantes são os fungos, que causam doenças graves como a podridão radicular da tamareira (**Chase e Broschat, 1993**).

Os fungos patogénicos transmitidos pelo solo, nomeadamente as espécies *Fusarium, Thielaviopsis paradoxa, Botryodiplodia theobromae* e *Rhizoctonia solani*, são considerados as doenças mais graves da podridão radicular nas condições egípcias (**El- Deep, 1994).**

Os objectivos deste estudo foram os seguintes

1- Levantamento e distribuição das doenças de podridão radicular em certas províncias em diferentes cultivares de tamareira.

2- Procedimentos de isolamento, identificação dos agentes patogénicos causais envolvidos e das suas capacidades patogénicas.

3- Estudo da suscetibilidade de cultivares de tamareira a diferentes fungos patogénicos.

4- Estudo das condições ambientais sobre fungos patogénicos, diferentes cultivares e suas interações.

5- Estudo do efeito da salinidade do solo e da água na incidência da doença da podridão radicular em cultivares de tamareira.

6- Controlo das doenças da podridão radicular utilizando diferentes métodos de controlo, incluindo o controlo biológico (agentes abióticos e bióticos) e o controlo químico *in vitro* e em condições de estufa.

CAPÍTULO 2. REVISÃO DA LITERATURA

As raízes da tamareira *(Phoenix dactylifera* L.) são atacadas por vários fungos patogénicos do solo, que causam doenças graves. Os agentes patogénicos das plantas incluem fungos, nemátodos, bactérias e vírus que podem causar doenças ou danos nas plantas de palmeira.

1- LEVANTAMENTO, ISOLAMENTO E IDENTIFICAÇÃO

As doenças das palmeiras estão entre os principais factores que afectam os produtos. Os agentes patogénicos mais importantes da doença da podridão radicular em tamareiras foram *Fusarium oxysporum; F. solani; Fusarium moniliforme; F. equiseti; Phoma* sp.; *Chaetomium* sp.; *Alternaria* sp.; *Cladosporium* sp.*Macrophomina phaseolina*; *Rhizoctonia solani; Thielaviopsis paradoxa*; *Diplodia phoenicum*; *Phomopsis phoenicola*, *F. semitectium*, *F. equiseti* e *Chaetomium* sp. **(Fawcett e Klotz, 1932; Brochard e Dubost, 1970a; Saaidi e Rodet, 1974; Carpenter e Elmer, 1978; El-Arosi, *et al,* 1983; Abbas, *et al.*, 1989; Abbas, *et al.*, 1991; Chase e Broschat, 1991; El- Deep, 1994)**.

Khalil, *et al.*, 1986 indicou que a causa do declínio observado nas tamareiras na Líbia não era conhecida.

Saleh *et al.* (1986) verificaram que as doenças mais importantes na região costeira, para além das regiões de Al-Hofra e Sabha, na zona sul da Líbia, eram a raiz florescente, a podridão do coração e a queimadura negra. Também encontrou *Thielaviopsis paradoxa* associada às doenças anteriores.

Abdulsalam *et al.* (1993) demonstraram que as doenças mais comuns da tamareira

, incluindo a queimadura preta causada por *Thielaviopsis paradoxa*, foram registadas na Província Oriental da Arábia Saudita. Doenças causadas por *Ceratocystis paradoxa* e *C. radicicola. Ceratocystis paradoxa* (Dade) C. Moreau (anamorfo: *Thielaviopsis paradoxa* (de Seynes) Hohn.), e *C. radicicola* (Bliss) Moreau (anamorfo: *T. punctulata* (Hennebert) Paulin, são dois agentes patogénicos que se encontram habitualmente, isolados ou em combinação, associados a vários sintomas de doença nas palmeiras.

O fungo *T. paradoxa* pode infetar qualquer parte da palmeira, e os sintomas são frequentemente expressos como folhas negras queimadas, podridão do tronco, curvatura do colo ou ferrugem da inflorescência. **(Djerbi,1983; Abbas *et al.*,1997; Suleman *et al.*, 2001; Zaid *et al.*, 2001; Abbas & Abdulla, 2003; El Gariani *et al.*, 2007)**.

Edongali *et al.* (1993) verificaram que os fungos mais comuns associados ao declínio das tamareiras no mesmo país eram *Fusarium solani, Rhizoctonia solani, Thielaviopsis paradoxa, Alternaría* spp e nemátodos parasitas.

Al-Mana *et al.* (1996) verificaram que *Chalara paradoxa* (De Seyn.) Sacc. (Sinónimo = *Thielaviopsis paradoxa*) causa uma vasta gama de sintomas de doença nas palmeiras, incluindo a queimadura negra. O fungo invade as frondes jovens emergentes, causando uma queimadura negra. *C. paradoxa* tem uma vasta gama de hospedeiros, incluindo várias palmeiras ornamentais e muitas plantas hospedeiras economicamente importantes.

No Reino da Arábia Saudita, **Al-Rokibah *et al.* (1998)** indicaram que a inoculação artificial com *T. paradoxa* de plântulas de tamareira de 10 cultivares diferentes mostrou que Nabtat Ally e Om-Khashab eram mais susceptíveis do que as outras cultivares testadas.

Djerbi (1983 e 1998) demonstrou que a queimadura negra foi registada em tamareiras no Egito, Tunísia, Argélia, Arábia Saudita, Iraque, Mauritânia e E.U.A. A contaminação a grande distância com fungos patogénicos ocorre através de rebentos, enquanto que a contaminação a pequena distância ocorre através de solo infestado, água de irrigação e contacto de raízes entre árvores.

Abdalla *et al.* (2000), durante a sua investigação sobre a incidência da doença da tamareira na Arábia Saudita e, em particular, nas regiões de Al Qassim e Medina Al Monawara, várias árvores apresentaram sintomas de murchidão e morte muito semelhantes aos causados por *F. oxysporium* f.sp. *albedinis.* Foram isoladas três espécies de *Fusarium* das folhas e raízes infectadas das tamareiras. Estas foram identificadas como *F. proliferatum*, *F. solani* e *F. oxysporum*. O teste de patogenicidade nas plântulas de tamareira mostrou que *o F. proliferatum* deve ser considerado como um agente patogénico potencialmente perigoso da tamareira na Arábia Saudita, uma vez que a espécie foi a mais frequentemente isolada de palmeiras com sintomas de doença. Embora *F. solani* fosse altamente patogénico em plântulas de tamareira, foi considerado menos importante do que *F. proliferatum* nas regiões, uma vez que foi raramente isolado. Em contraste, as estirpes *de F. oxysporum* testadas apresentaram baixa virulência nas plântulas de tamareira.

Rhizoctonia solani (teleomorfo *Thanatephorus cucumeris*) é um fungo transmitido pelo solo, que combina uma atividade saprofítica agressiva com capacidades patogénicas quase ilimitadas. O fungo é um agente patogénico mundial de centenas de plantas não relacionadas, cultivadas em climas tão diversos como o nosso deserto irrigado e os trópicos húmidos, sendo também favorecido em zonas húmidas ou campos mal drenados **(Franc *et al.*, 2001)**.

Os sintomas da murchidão apareceram com um amarelecimento gradual que atingiu a ponta da palmeira seguido de morte rápida. 2-3 Espécies *de Fusarium* associadas ao declínio da tamareira. *Fusarium monliforme* e *F. solani* foram encontrados associados ao declínio de tamareiras no Egito **(Rashed e El Hafez, 2001)**.

Sarhan (2001) descobriu que oito fungos, incluindo *Fusarium* spp. e *Chalara paradoxa*, estavam a causar a deterioração das tamareiras no meio do Iraque. Os sintomas apareceram nas folhas, nos caules dos frutos e no coração da palmeira. Os sintomas nas folhas apareceram como estrias castanho-amareladas na ráquis, tornando-se depois castanhas e acabando por ficar malformadas e secas. No palmito, as folhas novas apresentavam uma coloração amarela a castanha. O teste de patogenicidade provou uma relação entre a infeção por *F. moniliforme* e *F. solani* e o declínio da tamareira. *O Fusarium oxysporum* e *o F. solani* foram os mais frequentes e mais abundantes nas raízes das tamareiras que apresentavam declínio no meio do Iraque.

Suleman *et al.* (2001) indicaram que as tamareiras estavam infectadas com *Chalara radicicola* e *C. paradoxa* em partes do Kuwait onde prevalecem a seca e a salinidade, os agentes patogénicos oportunistas como *C. paradoxa* tornaram-se agressivos e causaram graves danos às tamareiras.

Em casos graves, o agente patogénico ataca o gomo terminal e o coração, conduzindo à debilidade mecânica dos tecidos na parte superior do tronco, resultando na curvatura do colo. Por vezes, a coroa apodrece, deixando um tronco nu **(Abbas & Abdulla, 2003)**.

Algumas palmeiras recuperam provavelmente através do desenvolvimento de um gomo lateral iniciado a partir dos tecidos meristemáticos não afectados do gomo terminal. As palmeiras atrasam o seu crescimento normal em vários anos e é por isso que é chamada em árabe Medjnoon (doença dos tolos). **(Zaid *etal.*, 2002)**.

Armengol *et al.* (2005) referiram que *o F. proliferatum* foi encontrado associado a tamareiras jovens e adultas, apresentando sintomas de murchidão e morte em Espanha.

Mandel *et al.* (2005) afirmaram que *F. oxysporum* e *F. solani* foram os mais frequentemente isolados de treze isolados *de Fusariurm*, que isolaram de raízes de tamareira, detritos e rizosfera.

Mansoori e Kord (2006) relataram uma doença grave da tamareira causada por *F. solani* associada ao amarelecimento e morte das frondes. A doença ocorreu em plantações de tamareiras no distrito de Kazeron, a oeste da província de Fars, no Irão. O agente patogénico causal foi isolado da coroa e dos raios xilémicos amostrados no tronco a 1,5 m acima do nível do solo. O teste de patogenicidade foi efectuado plantando plântulas de tamareira com um ano de idade em solo artificialmente infestado com um isolado do tronco de uma palmeira doente, bem como plântulas plantadas em solo naturalmente infestado. Foram obtidos sintomas semelhantes em ambos os procedimentos; as porções distais das raízes e da copa foram afectadas. O patógeno foi re-isolado da copa e das bases das folhas das mudas inoculadas.

No Iraque, foram registados sintomas semelhantes de doença causados por *F. solani* **(Al Yaseri *et al.*, 2006)**.

Polizzi *et al.* (2007) mencionaram o primeiro registo de podridão do tronco causada por *T. paradoxa* em tamareiras em Itália.

Diplodia phoenicum (Sacc.) H. Facet & L. J. Klotz. ataca os rebentos enquanto ainda estão ligados à palmeira-mãe ou após o seu desprendimento e plantação. A sua distribuição abrangeu a maior parte das regiões de cultivo de tamareiras. Os sintomas são graves nos rebentos e caracterizam-se pela sua morte, quer enquanto ainda estão ligados à palmeira-mãe, quer depois de terem sido destacados e plantados. O fungo pode infetar as folhas exteriores e acabar por matar as folhas mais jovens e o gomo terminal; ou o cacho central pode ser infetado e morrer antes das folhas mais velhas. As estrias castanho-amareladas estendem-se ao longo da base da folha. **(El- Deeb *et al.*, 2007)**.

Samir *et al.* (2009) isolaram *T. paradoxa* e *T. punctulata* do solo de plantações de tamareiras no sudeste de Espanha.

2- TESTE DE PATOGENICIDADE

A patogenicidade dos microrganismos isolados foi testada por vários investigadores de diversas formas.

Mercier e Louyet (1973) isolaram *Fusarium* spp. de *Phoenix dactylifera* L. e *P.* canariensis L. Mencionaram que o isolado de *Fusarium* de *P. canariensis* foi mais eficaz em *P. dactylifera* do que em *P. canariensis*.

Ari e Yamamoto (1977) relataram que *F. oxysporum* era o causador da doença do amortecimento de *P. canariensis*, podendo também infetar *P. dactylifera*.

Feather *et al.* (1989) mencionaram que o melhor método de infeção por *Fusarium* era através do caule por injeção de plântulas de tamareira.

Sedra (1994) confirmou que a injeção de inóculo *de Fusarium* no solo perto das raízes, ou nas raízes através de perfurações num saco, é o método compatível para a inoculação de raízes de tamareiras.

Sedra e Besri (1994 e 1995) afirmaram que a concentração efetiva de *F. oxysporium* f. sp. *albedinis* para a infeção de mudas de tamareira foi de 10^4-10^5 conídios/ml, sendo também o melhor método de inóculo a aplicação de raízes de tamareira com 20 ml/plântula com concentração de suspensão de esporos a 10^5 esporos/ml a 5 cm de profundidade do solo.

Abdallah *et al.* (2000) descobriram que *F. proliferatum* foi isolado de raízes e folhas de tamareiras em deterioração, causou sintomas de murcha e morte semelhantes aos causados por *F. oxysporum* f. sp. *albedenis,* o agente causal da doença de Bayoud. Também preferiram o método de injeção de plântulas de tamareira.

Tuset *et al.* (2002) verificaram que a melhor idade das plântulas de tamareira era de 8-9 meses e que os sintomas apareciam 50 dias após a inoculação. Também mencionaram que *F. oxysporum* foi registado pela primeira vez em várias espécies de palmeiras em diferentes países.

Thielaviopsis paradoxa, Diplodia phoenicum e *Fusarium* spp. foram isolados de todas as partes dos rebentos doentes da tamareira *(Phoenix dactylifera).* O teste de patogenicidade em rebentos de tamareira com 3 anos de idade provou que *T.*

paradoxa foi o fungo mais destrutivo nas folhas, seguido de *D. phoenicum* e *Botryodiplodia theobromae,* enquanto *Alternaria alternata* deu a percentagem mais baixa de necrose da área foliar. Nas raízes, *Fusarium oxysporum* apresentou 12% de raízes podres após 3 meses de inoculação, enquanto *F. solani* apresentou apenas 7%. As folhas de Zaghloul e Saidy foram mais tolerantes à infeção por *T. paradoxa* do que as de Hayani e Amhat. As folhas de Amhat e Zaghloul foram mais tolerantes à infeção com *D. phoenicum* e *B. theobromae* do que as de Hayany e Saidy. As raízes de Saidy e Zaghloul foram altamente tolerantes à infeção com a podridão radicular de *Fusarium*. **(El-Deeb *et al.*, 2006).**

Mansoori e Kord (2006) relataram que os sintomas típicos apareceram durante 25-28 dias após a inoculação de plântulas de tamareira de um ano de idade, plantadas em solo infestado natural ou artificialmente com *F. solani.*

3- CONDIÇÕES AMBIENTAIS E MODELO DE PREVISÃO

As condições ambientais, os principais factores, incluindo as temperaturas e a humidade relativa, são os mais eficazes para os fungos patogénicos, como a taxa de crescimento, a germinação de esporos, a incidência e a gravidade da doença.

O agente patogénico *R. solani* desenvolve-se numa gama de temperaturas de 12 a 35°C, com um ótimo entre 20 - 30°C (**Leach**, **1986**).

Um modelo de doença de plantas é uma descrição matemática da interação entre variáveis ambientais, do hospedeiro e do agente patogénico que pode resultar em doença. Um modelo pode ser um índice numérico de risco de doença, uma previsão da incidência ou gravidade da doença e/ou uma previsão do desenvolvimento de inóculos **(Thomas *etal.*, 1994)**.

Factores como a temperatura, a humidade e outros factores ambientais têm uma grande importância na incidência e gravidade da doença causada por certas espécies *de Fusarium* **(Vigier *et al.*, 1997)**.

O solo é um ambiente fechado no qual os propágulos capazes de iniciar epidemias (por exemplo, esporos, esclerócios, micélios e hifas) não se podem dispersar a longas distâncias, com exceção de certos esporos ou bactérias transportados na água de escoamento ou no solo que flui dentro da matriz do solo. É raro que a dispersão horizontal se estenda para além das margens do campo. No caso de alguns agentes patogénicos transmitidos pelo solo, a infeção também é transmitida pelo crescimento do agente patogénico no solo ou através dele, a partir de uma fonte de inóculo para um hospedeiro suscetível . Esta situação aplica-se sobretudo aos fungos, que formam micélios capazes de crescer através de um meio heterogéneo de poros, fendas e agregados, embora este crescimento seja afetado por muitos outros factores físicos, biológicos e químicos **(Otten e Gilligan, 1998)**.

A gama de hospedeiros e os factores climáticos influenciam o crescimento, a sobrevivência, a propagação e, por conseguinte, a incidência de doenças causadas por *Fusarium* spp. e os danos causados às culturas. A influência da origem e dos factores climáticos nas doenças causadas *por Fusarium* é complicada pelo facto de *Fusarium* spp. poderem causar as doenças individualmente ou em complexo. Existem alguns relatórios sobre a forma como as espécies de *Fusarium* respondem de forma diferenciada a diferentes variações ambientais, principalmente temperatura, origem do isolado e humidade **(Conrath *et al.*, 2002)**.

Um modelo proposto que utilize ferramentas matemáticas deve incluir as variáveis que representam as caraterísticas-chave no desenvolvimento de epidemias, de acordo com o objetivo da investigação; por exemplo, a temperatura, a humidade, a suscetibilidade e a resistência do hospedeiro, os inóculos iniciais, o período latente e infecioso e a eficiência dos conídios são exemplos de variáveis normalmente incluídas nos modelos utilizados para descrever epidemias de doenças das plantas **(De Wolf e Isard, 2007)**.

Os sistemas de alerta de doenças são elementos-chave dos esforços de Gestão Integrada das Pragas (GIP) para reduzir a utilização excessiva de pesticidas químicos. Existem vários incentivos potenciais para os agricultores adoptarem sistemas de alerta. Ao substituir a tradicional pulverização de pesticidas baseada no calendário por uma calendarização baseada na avaliação dos riscos, os agricultores podem reduzir a frequência das pulverizações, limitando os riscos para a saúde e para o ambiente decorrentes da utilização de pesticidas, ao mesmo tempo que apresentam uma imagem amiga do ambiente aos clientes. Nalguns casos, a implementação de sistemas de alerta de doenças pode também aumentar a rentabilidade , reduzindo os custos dos factores de produção **(Cooke, *et al.*, 2006; Gleason *et al.*, 2008)**.

4- SALINIDADE DO SOLO E DA ÁGUA

A salinidade do solo e/ou da água de irrigação é um problema grave para a agricultura em várias zonas recuperadas. A tamareira é excecionalmente tolerante ao sal e pode facilmente suportar níveis de sal de 1 -1,5%.

Blaker e Mac Donald (1986) referiram que o stress de salinidade aumentava a podridão radicular de *Phytophthora* em árvores de citrinos.

Rasmussen e Stanghellini (1988) mencionaram que a doença *Pythium* blight of creeping bent grass aumentava com níveis elevados de salinidade.

Duczek (1993) estudou o efeito da salinidade do solo na podridão radicular comum do trigo de primavera e da cevada causada por *Cochliobolus sativus,* doença que aumentou com níveis elevados de salinidade do solo.

Al-Rokibah *et al.* (1998) mencionaram que, aparentemente, o efeito primário do aumento da salinidade da água foi na tamareira, e a salinidade teve pouco efeito no crescimento micelial de *T. paradoxa.* Além disso, mencionaram que os endoconídios foram produzidos em número relativamente elevado, mesmo no nível mais elevado de salinidade da água testado.

Sulmen *et al.* (2001) e **El-Morsi (2004)** verificaram que o aumento da salinidade da água reduziu o crescimento das plântulas de tamareira, tendendo também a aumentar a taxa de infeção das plântulas inoculadas em comparação com o controlo com *Chalara radicicola* e *C. paradoxa.*

Rashed *et al.* (2006) relataram que o aumento da salinidade da água de irrigação aumentou a podridão radicular da tamareira causada por *Phytophthora palmivora* em todas as concentrações de sal testadas . Além disso, os resultados indicam que níveis elevados de salinidade podem ser um fator de desenvolvimento da podridão radicular, levando a uma maior incidência da doença.

5- EXTRACTOS DE PLANTAS E ÓLEOS NATURAIS

Entre as Angiospérmicas, a capacidade de acumular terpenos está amplamente distribuída nas famílias das dicotiledóneas temperadas e tropicais, como Piperaceae, Myrtaceae, Lauraceae e Rutaceae, e nas monocotiledóneas, principalmente nas Araceae, Cyperaceae, Poaceae e Zingiberaceae **(Purseglove, 1974; Hay e Waterman, 1993)**.

O óleo de manjericão *(Ocimum basilicum* L.) a uma concentração de 0,15% pode inibir o crescimento de uma vasta gama de fungos (22 espécies), incluindo estirpes micotoxigénicas de *Aspergillus flavus* Link ex. Fries e *A. parasiticus* Spear **(Bennet e Christensen, 1983)**.

O óleo volátil de capim-limão *(Cymbopogon citratus* Stapf.) foi confirmado contra fungos de deterioração e micotoxigénicos. Os óleos voláteis podem apresentar atividade antifúngica a concentrações muito baixas num meio de crescimento. Por exemplo, a inclusão de 1-10 µL mL^{-1} de óleo de manjerona num caldo de cultura reduziu o crescimento de cinco espécies de fungos filamentosos até 89% em comparação com o controlo. A eficácia do óleo nesta concentração, que é inferior às taxas de aplicação recomendadas de vários fungicidas comerciais, parece não ser relativamente afetada por variações de temperatura, condições de armazenamento e densidade de inóculos **(Hay e Waterman, 1993)**.

Vários estudos sobre as actividades fungitóxicas dos metabolitos secundários das plantas foram comunicados **(Muller-Riebau *et al.*, 1995; Ojala *et al.*, 2000; Kordali *et al.*, 2003; Field *et al.*, 2006; Nunez *et al.*, 2006; Lee, 2007)**.

Os óleos essenciais são extractos aromáticos e voláteis de componentes dessas plantas (folhas, flores, frutos, cascas, raízes, rizomas e madeira) que são geralmente obtidos por processos tecnologicamente simples de maceração e solução aquosa ou destilação a vapor **(Brophy e Doran, 1996)**.

Os extractos e óleos de plantas também demonstraram ser eficazes contra outros patogéneos foliares Ascomycota e Basidiomycota **(Northover e Scheider, 1996; Kamalakannan *et al.*, 2001; Meena e Muthusamy, 2002)**.

Os fungicidas sintéticos são úteis para sustentar a produção agrícola, protegendo as plantas de doenças fúngicas, mas a resistência aos fungicidas é uma das causas críticas do fraco controlo das doenças na agricultura. Por conseguinte, é necessário desenvolver agentes alternativos para o controlo de doenças fúngicas patogénicas nas plantas **(Steffens *et al.*, 1996; Aguin *et al.*, 2006; Ishii, 2006).**

Vários investigadores demonstraram que os extractos de plantas podem controlar os agentes patogénicos fúngicos anamórficos das plantas **(Suganda e Yulia, 1998; Mahmoud, 1999; Parveen e Kumar, 2000; Bhatm, 2001; Agrios, 2005)**.

Algumas das plantas medicinais mais utilizadas pertencem à família do gengibre (Zingiberaceae), que contém plantas a partir das quais são produzidos óleos essenciais. Estes óleos contêm tanto terpenóides como fenilpropanóides **(Katzer, 1998)**.

Alguns dos produtos naturais, tais como o óleo de canela, o óleo de cravinho, os fenóis, algumas especiarias e muitos óleos essenciais foram referidos como inibidores eficazes do crescimento de fungos e da produção de aflatoxinas **(Mahmoud, 1999)**.

O crescimento micelial dos fungos fitopatogénicos *Pyrenophora avenae* Ito & Kuribay e *Pyricularia oryzae* Cavara foi completamente inibido por 0,4% de óleo de hissopo *(Hyssopus officinalis* L.) **(Letessier *et al.*, 2001)**.

A família das gramíneas Poaceae inclui cerca de 40 espécies de gramíneas tropicais aromáticas do género *Cymbopogon* que são importantes para a produção de óleos essenciais **(Anónimo, 2003b)**.

Setzer *et al.* (2001) verificaram que os extractos brutos de 23 plantas recolhidas na floresta tropical de Paluma, perto de Townsville, no norte de Queensland, apresentavam atividade antimicrobiana.

O extrato de manjerona selvagem *(Origanum syriacum)* apresentou a maior e mais ampla gama de atividade. Resultou na inibição completa do crescimento micelial de seis dos oito fungos testados e também deu uma inibição quase completa da germinação de esporos dos seis fungos incluídos no ensaio, nomeadamente, *Botrytis cinerea, Alternaria solani, Pénicillium* sp., *Cladosporium* sp., *Fusarium oxysporum* f. sp. *melonis* e *Verticillium dahlia.* Os outros extractos de plantas mostraram actividades diferenciadas no teste de germinação de esporos, mas nenhum foi altamente ativo contra o crescimento micelial. *Inula viscosa* e *Mentha longifolia* foram altamente eficazes (>88%) em testes de germinação de esporos contra cinco dos seis fungos testados, enquanto *Centaurea pallescens, Cichorium intybus, Eryngium creticum, Salvia fruticosa* e *Melia azedarach* mostraram >95% de inibição da germinação de esporos em pelo menos dois fungos. *Foeniculum vulgare* apresentou a menor atividade antimicótica. **(Yusuf *et al.*, 2002)**.

6- Controlo biológico

Foram encontrados muitos microrganismos com potencial de controlo biológico contra vários agentes patogénicos das plantas.

Dennis e Webster (1971a) descobriram que muitos isolados de espécies de *Trichoderma* produziam antibióticos não voláteis, que eram activos contra uma série de fungos.

Dennis e Webster (1971b) descobriram que alguns isolados *de Trichoderma* produziam componentes voláteis, que eram inibidores do crescimento de outros fungos. O acetaldeído foi identificado provisoriamente como um dos metabolitos de *Trichoderma viride* inibidores de outros fungos.

Os antagonistas *Trichoderma* spp. têm sido vulgarmente utilizados para controlar *Fusarium* spp. **(Marois *et al.*, 1981)**.

Tendo em conta o custo dos pesticidas e os riscos ambientais da utilização destes produtos químicos, a utilização de antagonistas microbianos no controlo de agentes patogénicos das plantas tem recebido uma atenção crescente em todo o mundo **(Ghaffar, 1988 a& b, 1992)**.

A inoculação do solo com uma única estirpe de um agente de biocontrolo raramente conduz a um elevado nível de proteção e, frequentemente, o efeito positivo é inconsistente **(Weller, 1988; Koch, 1999)**.

Os compostos químicos têm sido utilizados para controlar as doenças das plantas (controlo químico), mas o abuso na sua utilização favoreceu o desenvolvimento de agentes patogénicos resistentes aos fungicidas **(Tjamos *et al.*, 1992)**.

A introdução de microrganismos benéficos no solo ou na rizosfera tem sido referida para o controlo biológico de doenças das culturas transmitidas pelo solo **(Cook,**

1993).

O controlo biológico de fitopatógenos por microrganismos tem sido considerado uma alternativa mais natural e ambientalmente aceitável aos métodos de tratamento químico existentes **(Baker e Paulitz, 1996)**. Pelo contrário, a utilização de microrganismos que antagonizam os agentes patogénicos das plantas (controlo biológico) é isenta de riscos quando resulta no reforço dos antagonistas residentes **(Monte, 2001)**.

O controlo biológico dos fungos patogénicos das plantas parece ser uma abordagem atraente e realista, tendo sido identificados numerosos microrganismos como agentes de biocontrolo. Um papel considerável na limitação das populações destes fungos patogénicos que habitam as partes aéreas das plantas é desempenhado por microrganismos antagonistas. Tais propriedades são expostas, em primeiro lugar, pelos fungos *Trichoderma* e *Gliocladium* (**Kredics *et al.*, 2000; Harman, 2000; Ahmed *et al.*, 2000; Roco e Perez, 2001; McQuilken *et al.*, 2001; Patkowska, 2003; El-Katatny *et al.*, 2006; Bartmanska e Dmochowska-Gladysz, 2006; Sempere e Santamarina, 2007; Massart e Jijakli, 2007).**

Fakhrunnisa e Ghaffar (2006) sugeriram que fungos como *Trichoderma hamatum,* que inibiam o crescimento de *Fusarium* spp. poderiam ser utilizados no controlo biológico de doenças causadas por *Fusarium* spp.

Chakroune *et al.* (2008) mostraram que o efeito supressor do composto parece reforçado pela sua riqueza em microrganismos com uma atividade antagonista contra *Fousarium oxysporum* f.sp. *Albedinis* (doença vulgarmente conhecida como Bayoud), tais como *Aspergillus, Penicillium* e *Bacillus.*

El-Deeb e El-Naggar (2008) mencionaram que a aplicação de diferentes bio-agentes no solo em condições de estufa, para controlar os fungos de podridão radicular de plântulas de tamareira, revelou que a planta irrigada com água, contendo *B. subtilis* (2,5 g/l^{-1}) diminuiu a gravidade da doença em relação ao controlo. *Trichoderma* é reconhecido como um fungo saprófita de sucesso, além de ser relatado como um parasita de outros fungos.

Dhahira e Qadri (2010) constataram que as medidas convencionais de controlo químico não são capazes de proporcionar um controlo total. Assim, os microrganismos antagonistas foram avaliados individualmente e em combinações quanto ao seu potencial de biocontrolo contra *Fusarium* spp. que causou um problema grave devido à incidência desenfreada da doença da podridão radicular nas amoreiras *(Morus indica* L.). O melhor tratamento foi uma combinação de *Trichoderma* spp. e o tratamento foi mais eficaz quando a aplicação de agentes de biocontrolo foi efectuada nas fases iniciais da infeção.

7- CONTROLO QUÍMICO

Os fungicidas são os métodos mais eficazes, rápidos e económicos para controlar numerosas doenças das plantas.

Uma vez que o fungo *Diplodia phoenicum* entra, geralmente, na palmeira através de feridas feitas durante a poda ou o corte, ao remover os rebentos, uma precaução é desinfetar todas as ferramentas e superfícies cortadas. A imersão ou a pulverização dos rebentos com vários produtos químicos (benomyl, calda bordalesa, metiltiofanato, tirame e outros fungicidas à base de cobre) foi considerada eficaz contra a doença (**Carpenter**, **1975**).

O fungo *Rhizoctonia* foi o mais sensível à iprodiona (Rovral) a 1 g/L, em ensaios *in vitro* (**Martin *et al.*, 1984**).

O tiabendazol foi o mais eficaz contra *F. solani* e *F. oxysporum em* experiências *in vitro* (**Nedelink, 1986**).

Bedlan (1988) mencionou que, *in vitro,* o tolclofos metil (Rizolex) deu a maior inibição do crescimento micelial de *R. solani.*

Mishra e Rath (1988) descobriram que, *in vitro*, Benlate e Teto tinham inibido o crescimento micelial de *F. oxysproum, F. soalni, F. moniliforme* e *F. equiseti.*

Korra (1989) relatou que o crescimento micelial de *B. theobromae* foi completamente inibido a 50 ppm de bavistin ou benlate, 100 ppm de rovral, 500 ppm de tilt e 1000 ppm de karathane.

Carrazana et *al.*, (1997) experimentaram *in vitro* o efeito do metalaxil (Ridomil 72% PH) e do oxicloreto de cobre (como Cupravit 50% PH) a 5, 10, 25, 50, 75 e 100 ppm. adicionados a placas de Petri com meio PDA 2% para controlo de *Fusarium solani.* Mencionaram que o oxicloreto de cobre foi o fungicida testado menos eficaz.

Mackinaite (1997) avaliou o efeito dos fungicidas Carbendaziam e Ridomil sobre *F. solani* e *F. culmorum in vitro.* Verificou que *Fusarium* spp. era tolerante aos fungicidas testados, mas o Carbendazim diminuiu a agressividade dos agentes patogénicos investigados.

Imohammed (2000) mencionou que o Kema-Z *in vitro* foi o mais eficaz contra *F. solani* que infectou *o feijão Faba.*

Atia *et al.* (2002) verificaram que o Kema-Z e o Topsin M70 eram os fungicidas mais eficazes contra *B. theobromae* na videira, enquanto o Topas e o Kema-Z pareciam ser os fungicidas mais eficazes contra *F. solani*.

Ammar (2003) afirmou que o topsin M70, o cuproso, o Kocide 101 e o Ecophote plus foram os mais eficazes no controlo da doença da podridão do coração causada por *B. Theobromae* e *T. paradoxa* da tamareira.

Kararah e Ammar (2003) mencionaram que o Kocide 101 foi o fungicida mais eficaz contra a podridão do coração da tamareira, causada por *B. theomromae*, *T. paradoxa* e *F. moniliforme*.

El-Morsi (2004) verificou que, *in vitro*, Copper pro, Kocide 101 e Ridomil plus foram os mais eficazes contra o crescimento micelial de *B. theobromae*, enquanto que, *em* condições *in vivo*, Ridomil plus foi o melhor tratamento para a tamareira contra a podridão da base da folha.

Korra (2005) referiu que o fungicida Topsin M-70 foi o melhor tratamento como irrigação do solo contra *F. oxysporum* e *F. moniliforme*, que causaram o apodrecimento das raízes e dos caules da bananeira.

Ammar (2007) referiu que a aplicação do fungicida Carbendazim como drench no solo foi o mais eficaz na severidade da doença quando utilizado contra o *Fusarium oxysporum*, que causou o apodrecimento dos cormos e a murchidão da bananeira.

Sirvastava *et al.* (2010) relataram que o crescimento radial de *F. oxysporum* f.sp. *psidii* foi inibido em concentrações altas e baixas de carbendazium 50% WP.

CAPÍTULO 3. MATERIAIS E MÉTODOS

1. Levantamento das doenças fúngicas radiculares da tamareira

Foram recolhidas amostras de raízes e de solo de tamareiras naturalmente infectadas e de rebentos de diferentes locais. O estudo das doenças da podridão radicular foi efectuado em sete províncias do Egito, a saber: Assuão e Luxor (Sul do Egito), Marsa-Matrouh (Oeste do Egito), Gizé (Centro do Egito), Ismailia, Sharkyia e Behera (Norte do Egito). A escolha destas províncias depende da grande área cultivada, das diferentes culturas, do sistema de irrigação, das condições ambientais (durante as diferentes estações de crescimento, verão, outono, inverno e primavera, 2005-2008) e do tipo de solos.

(Sarhan, 2001; Suleman *et al.*, 2001). Estimar a percentagem da incidência da doença em cada província. A incidência da doença foi calculada da seguinte forma **(Cooke *et al.*, 2006)**:

% Incidência da doença (ID) = B/A X 100

Considerando que: A= número total de árvores ou rebentos (sãos e infectados) das unidades avaliadas.

B= número de árvores ou ramos infectados.

Gravidade da doença (DS)

As plantas foram classificadas quanto à classe da doença numa escala de 0 a 4. A gravidade da doença (DS) foi calculada da seguinte forma **(Abdullah *et al.*, 2003a).**

O DSI foi calculado todas as semanas com base na seguinte fórmula:

$$\% \text{ Disease severity (DS)} = \frac{\Sigma(A \times B) \times 100}{\Sigma n \times 4}$$

Onde:

A = classe de doença (0, 1, 2, 3 ou 4).

B = número de plantas que apresentam essa classe de doença por tratamento.

n = número total de réplicas (constante).

O n.º 4= representa a classe mais elevada de avaliação.

A escala foi sugerida por **Abdalla *et al.* (2000)** e classificada para as árvores infectadas de acordo com os seguintes testes

0= sem sintomas, plantas saudáveis.

1= A murchidão gradual ocorreu em 1-25 % das folhas da tamareira.

2= A murchidão gradual ocorreu em 26-50 % das folhas da tamareira.

3= A murchidão gradual ocorreu em 51-75 % das folhas da tamareira.

4= A murchidão gradual ocorreu em 76-100 % das folhas da tamareira.

A gravidade da doença foi determinada de acordo com a escala da doença.

2. Isolamento e identificação

As raízes e os rizomas das tamareiras (árvores ou rebentos) foram recolhidos em locais infestados de pomares e cuidadosamente separados das partículas grandes do solo **(Osama, 2008)**. As amostras de raiz foram colhidas com uma distância mínima de 1520 cm entre si, sendo depois mantidas num estado fresco e seco durante o transporte para o laboratório para minimizar o crescimento de microrganismos saprófitas. As amostras foram lavadas cuidadosamente com água da torneira para remover as partículas de solo aderentes, depois enxaguadas em água esterilizada, e dez comprimentos aleatórios de 10 cm serão cortados e esterilizados à superfície com uma solução de hipocloreto de sódio a 0,5% durante 3 minutos. e lavados em água destilada esterilizada (SDW), depois secos entre duas dobras de papel de filtro esterilizado. Estas secções de raiz foram cortadas em pedaços de 1 cm de comprimento e as secções de cada árvore ou conjunto de plântulas, vinte secções de raiz de 1 cm selecionadas aleatoriamente por planta, foram colocadas em meios gerais e selectivos. Após a incubação a 25±2° C. Os microrganismos isolados foram purificados utilizando a técnica do *esporo* único e o método da ponta de hifa de acordo com **(Wang e Wen, 1997)**. A frequência dos fungos isolados foi calculada separadamente para cada amostra recolhida. As culturas de reserva foram mantidas em placas de PDA ou em placas de meios selectivos e conservadas no frigorífico a 4° C. para estudos posteriores. As meias foram subcultivadas regularmente em meio fresco todos os meses. As colónias de fungos que cresciam nas placas de cultura foram identificadas morfologicamente com base na sua cor, tipo de esporos, presença de esporodóquios ou apressórios, textura da colónia e outras caraterísticas de crescimento dos fungos. Os fungos purificados e outros microrganismos foram identificados de acordo com **(Shirling e Gottlieb, 1966; Buchanan e Gibbons,1974; Domsch, *et al.*, 1980; Nelson *et al.*, 1983; Dhingra e Sinclair, 1985; Alexopoulos *et al.*, 2007; Barnett e Hunter, 1999; John e Summerell, 2006)**. Os microrganismos das superfícies das raízes (rizosfera) foram isolados colocando 0,2 g de secções de raízes em 100 ml de água esterilizada num frasco e agitando-o num rotativo a 150 rpm durante 30 minutos. Os segmentos de raiz, bem como uma série de diluições de 10 vezes das suspensões de água resultantes, são colocados em Petridish e, em seguida, adiciona-se ágar dextrose de batata (PDA) para recuperar os microrganismos da rizosfera e, em seguida, incubação conforme descrito acima. **(Bao *et al.*, 2004)**. A frequência dos fungos isolados da podridão radicular e da rizosfera foi calculada separadamente de acordo com a seguinte fórmula:

% Frequência fúngica = Número de isolados de cada fungo/ Número total de todos os isolados X 100

* Meios utilizados nas experiências

De acordo com **(Davet e Rouxel, 2000)**, os media foram utilizados como companheiros:

1- Bactérias em geral: Ágar de soja tríptico (TSA)

2- Trichoderma e Gliocladium spp: Meio seletivo Trichoderma.

3- Fusarium spp: Meio seletivo para Fusarium de Komad.

4- Thielaviopsis spp: TB-CEN

5- Actinomicetos: CGA

6- Outros fungos: PDA

** Leitura de placas

1- Fungos: leitura 7 e 15 dias após a inoculação.

2- Bactérias: leitura 2 e 7 dias após a inoculação.

3- Actinomicetos: ler 14 dias após a inoculação.

3. Teste de patogenicidade dos fungos mais frequentemente isolados

Teste de patogenicidade dos fungos mais frequentes, nomeadamente *Fusarium oxysproum* Schlecht, *Fusarium solani* (Mort.) Sacc, *Fusarium moniliforme* Sheldon, *Fusarium semitectum* Berk e Ravenel, *Botryodiplodia theobrome* Pat, *Thielaviopsis thielavioides* Peyr. e *Rhizoctonia solani* Kuhn, isolados de raízes doentes. As experiências foram efectuadas na estufa do Departamento de Investigação de Doenças de Árvores de Fruto e Lenhosas - Agric. Res. Center, Giza-Egito para completar os postulados de Koch. As sementes de *Phoenix dactylifera* foram fornecidas por um produtor comercial. Foram desinfestadas à superfície durante 10 min numa solução de hipoclorito de sódio NaOCl (1,5% de cloro disponível), embebidas em água da torneira durante 24 h, e depois semeadas em sacos de plástico pretos (15 cm) cheios com uma mistura esterilizada de porções iguais (v/v) de solo, areia e argila. Uma muda de foi cultivada em cada saco. Cinco sacos de três cultivares Zaghloul, Sammany e Hayany (6 meses de idade) de tamareira na fase de desenvolvimento de 2-3 folhas das várias cultivares foram utilizados como réplicas para cada fungo patogénico testado. O protocolo de infestação das plântulas foi efectuado por dois métodos:

a- Injeção de plântulas

As plantas com seis meses de idade foram inoculadas como descrito por **(Abdalla *et al.*, 2000)**, injectando 2 ml de suspensão de hifas ou esporos, e a concentração foi ajustada para $1X10^6$/ ml utilizando um hemacitómetro **(Mather e Roberts 1998)**. A suspensão de hifas e esporos foi injectada na coroa com uma agulha hipodérmica e uma seringa para cada fungo. Após a inoculação, todas as plantas foram cobertas separadamente com sacos de plástico pretos durante 48 h para manter a humidade elevada. Cinco plantas de cada cultivar foram inoculadas com cada isolado, e os controlos correspondentes foram injectados com SDW. Os vasos foram dispostos em um delineamento inteiramente casualizado. O teste de patogenicidade foi realizado duas vezes. A patogenicidade foi avaliada aos 30, 45, 60 e 90 dias após a inoculação e a reação à doença foi classificada como descrito acima.

b- Infestação do solo

O solo infestado **(de acordo com El-Zawahry *et al.*, 2000)** foi adotado através da adição de 100 ml/hifa ou suspensão de esporos ($4X10^6$/ml) a cada saco de plástico preto de cada fungo patogénico. A rega é continuada a cada 3-4 dias para assegurar a distribuição do fungo inoculado no solo, e as plantas não murcharam. Após três meses de infestação do solo, as plantas são arrancadas e as suas raízes são lavadas com água para remover as partículas do solo, sendo depois registada a percentagem de infeção e a gravidade da doença. Foi efectuado um novo isolamento a partir de tecidos infectados e os fungos isolados serão comparados com as culturas originais utilizadas.

4. Reação varietal

A reação das diferentes cultivares de tamareira (Zaghloul, Sammany e Hayany) à infeção com os diferentes fungos patogénicos *F. oxysproum, F. solani, F. monliforme, T. Paradoxa, B. theobromae* e *R. solani* causou a podridão radicular foi estudada utilizando rebentos saudáveis com 3 anos de idade. A infestação do solo foi adoptada através da adição de 1000 ml/hifa ou suspensão de esporos (4X106/ml) a cada vaso de cada fungo patogénico, ou seja, *F. oxysproum, F. solani, F. monliforme, T. Paradoxa, B. theobromae* e *R. solani* de culturas activas a cada vaso de plástico preto. No segundo método de infeção, as plantas foram inoculadas através da injeção de 2 ml/hipal ou de uma suspensão de esporos (1X10^6) de fungos patogénicos, *nomeadamente F. oxysproum, F. solani, F. monliforme, T. Paradoxa, B. theobromae* e *R. solani* na coroa, utilizando uma agulha hipodérmica e uma seringa. Após a inoculação, todas as plantas foram cobertas separadamente com um vaso de plástico preto durante 48 horas para manter uma humidade elevada. Cinco plantas de cada espécie foram inoculadas com cada isolado, e os controlos correspondentes foram injectados com SDW. O teste de patogenicidade foi efectuado duas vezes. A patogenicidade foi avaliada aos 3, 6 e 9 meses após a inoculação e a reação à doença foi classificada como descrito acima.

5. Interação entre as cultivares, os fungos patogénicos e as condições ambientais na incidência da podridão radicular da tamareira

5.1. Efeito dos graus de temperatura no crescimento linear micelial dos fungos patogénicos testados *in vitro*

Foram aplicados diferentes graus de temperatura a 20, 25, 30, 35 e 40° C. Estudos de fungos patogénicos *F. oxysproum, F. solani, F. monliforme, T. Paradoxa, B. theobromae* e *R. solani* foram inoculados em meio PDA utilizando cinco placas de Petri para cada temperatura. As placas foram inoculadas colocando um disco (5 mm) por placa no centro das placas de Petri de cada fungo, retirado de culturas activas. As placas foram incubadas a diferentes temperaturas para cada fungo. Os resultados foram registados quando o crescimento do fungo terminou em qualquer um dos graus de temperatura anteriores. O crescimento linear foi determinado medindo dois diâmetros da colónia, perpendiculares entre si, com a precisão de um milímetro (mm).

5.2. Efeito de diferentes graus de temperatura na infeção de raízes de

plântulas de tamareira de diferentes cultivares com fungos patogénicos em estufa

Foram estudados diferentes graus de temperatura sobre fungos patogénicos e diferentes cultivares de tamareira para determinar o melhor grau de temperatura para a incidência da podridão radicular das plântulas em estufa. Vinte e cinco plântulas de cada cultivar viz.; Zaghloul- Sammany- Hayany (6 meses de idade) de tamareira na fase de desenvolvimento de 2-3 folhas. As plântulas foram inoculadas conforme descrito por **(Abdalla *et al.*, 2000)**, injectando 3 ml de suspensão de hifas ou esporos de fungos patogénicos, ou seja, *F. oxysproum, F. solani, F. monliforme, T. paradoxa, B. theobromae* e *R. solani* na coroa, utilizando uma agulha hipodérmica e uma seringa. Após a inoculação, todas as plantas foram cobertas separadamente com sacos de plástico durante 48 horas para manter uma humidade elevada e os controlos correspondentes foram injectados com SDW. Em seguida, as plantas foram mantidas em diferentes temperaturas controladas em estufa (20, 25, 30, 35 e 40° C) a 70 RH%. Os dados foram registados após quarenta e cinco dias como % de gravidade da doença.

5.3. Efeito da humidade relativa no crescimento micelial linear dos fungos patogénicos testados *in vitro*

Foram utilizados dez níveis diferentes de humidade relativa (RH%), hidróxido de potássio (KOH) para criar diferentes espaços de cabeça com10, 20, 30, 40, 50, 60, 70, 80, 90 e 100% de humidade relativa a 25°C. para determinar os requisitos de humidade relativa para o crescimento de fungos patogénicos ganham câmara de humidade relativa. Cada câmara consistia em duas porções inferiores de placas de Petri de vidro, uma invertida sobre a outra. Diferentes soluções de hidróxido de potássio, de acordo com **(Solomon, 1951)**, foram misturadas e colocadas no fundo das placas de Petri para produzir diferentes humidades relativas. Os fungos patogénicos *F. oxysproum, F. solani, F. monliforme, T. Paradoxa, B. theobromae* e *R. solani* foram inoculados em meio PDA, utilizando cinco placas de Petri para cada humidade relativa. Os resultados foram registados no final do crescimento do fungo em qualquer uma das concentrações anteriores. O crescimento linear foi determinado medindo dois diâmetros da colónia, perpendiculares entre si, com a precisão de um milímetro.

5.4. Efeito de diferentes níveis de humidade relativa (RH %) na infeção de raízes de plântulas de tamareira de diferentes cultivares com fungos patogénicos em estufa

Foram estudadas diferentes RH% em fungos patogénicos e diferentes cultivares de tamareira para determinar a melhor RH% para a incidência de podridão radicular de plântulas em estufa. Vinte e cinco plântulas de cada cultivar viz; Zaghloul- Sammany-Hayany (6 meses de idade) de tamareira na fase de desenvolvimento de 2-3 folhas. As plântulas foram inoculadas conforme descrito por **(Abdalla *et al.*, 2000)**, injectando 3 ml de suspensão de hifas e esporos dos fungos patogénicos, ou seja, *F. oxysproum, F. solani, F. monliforme, T. Paradoxa, B. theobromae* e *R. solani* na coroa, utilizando uma agulha hipodérmica e uma seringa. Após a inoculação, todas as plantas foram cobertas separadamente com sacos de plástico pretos durante 48 horas para manter uma humidade elevada e os controlos correspondentes foram injectados com SDW. Em seguida, as plantas foram mantidas numa estufa controlada com diferentes RH% (10, 20, 30, 40, 50, 60, 70, 80, 90 e 100% RH) a 25° C. Os dados foram registados após quarenta e cinco dias como severidade da doença, tal como descrito acima.

5.5. Dados meteorológicos

A média de três factores (temperatura do ar, percentagem de humidade relativa e temperatura do solo inferior a 20 cm) em 2005-2009 foi recolhida em estações meteorológicas agrícolas de três províncias, nomeadamente Assuão, Behera e Gizé, para estimar a relação entre as condições ambientais e a percentagem de gravidade das doenças causadas por fungos patogénicos que provocam a podridão radicular da tamareira, todos os meses de cada ano.

5.6. Relação entre condições ambientais, variedades e fungos patogénicos na incidência de doenças da podridão radicular da tamareira (modelo de previsão)

Os dados recolhidos nas estufas sobre a severidade% da doença foram analisados por análise de variância, regressões lineares, polinomiais e múltiplas. A significância dos efeitos principais e das interações foi determinada pelo teste *F* e por testes de alcance múltiplo. O programa STATGRAPHICS (Centurion XV Versão 15.2.11. 2007 Stat Point, Inc.) foi utilizado para todas as análises estatísticas.

*** Previsão da gravidade da doença (DS%) com a temperatura em graus (TEMP) e/ou humidade relativa (RH%)**

A equação do modelo linear ajustado é:

$$Y = a + b^* X \tag{1}$$

Enquanto: Y= DS, a= Interceção, b= Declive, X= TEMP ou RH

A equação do modelo polinomial ajustado é:

$$Y = a_0 + b_1 X_1 + b_2 X^2 \tag{2}$$

Enquanto: Y=DS, a=Interceção, b=Deslizamento, X=TEMP ou RH

As equações dos modelos múltiplos ajustados são:

$$Y= a + b_1X_1 + b_2X_2 + b_3X_3 \quad (3)$$

Enquanto: Y=DS, a=Interceção, b=Deslizamento, X=TEMP ou RH

6. Efeito da salinidade da água e do solo na incidência de podridão radicular em cultivares de tamareira

6.1. Efeito da salinidade do solo e de fungos patogénicos na germinação de sementes de diferentes cultivares de tamareira

Nesta experiência, foram utilizadas três texturas de solo*:* arenosa, argilosa e argilo-arenosa, obtidas em diferentes zonas. As análises de salinidade dos principais solos foram efectuadas no Soil and Water Research Institute, ARC. Giza. As cultivares de plântulas de tamareira (Zaghloul, Sammany e Hayany) foram utilizadas neste estudo. As sementes destas cultivares foram esterilizadas à superfície durante 10 min. com NaOCl a 0,5%, embebidas em água destilada esterilizada (SDW) durante 24 horas e depois plantadas em vasos pretos (15 cm.) com três tipos de solo. Três sementes de cada cultivar foram plantadas em cada vaso e cinco vasos foram usados para cada cultivar. Os vasos foram mantidos na estufa e a infestação do solo foi feita como mencionado acima para cada fungo neste estudo, ou seja, *F. oxysproum, F. solani, F. monliforme, T. Paradoxa, B. theobromae* e *R. solani*. Três vasos sem infestação de cada tratamento foram mantidos como controlo. Irrigação como mencionado acima. Os dados foram registados após três meses como percentagem de germinação de sementes (%).

6.2. Efeito da salinidade no crescimento micelial linear de fungos patogénicos *in vitro,* causadores da podridão radicular da tamareira

Foi cortado um disco de 5 mm de diâmetro do ágar batata dextrose acidificado ativo (APDA) de cada fungo estudado, ou seja, *F. oxysproum, F. solani, F. monliforme, T. Paradoxa, B. theobromae* e *R. solani*, e colocado numa placa de Petri de 9 cm de diâmetro contendo 20 ml de meio PDA ao qual foi adicionado NaCl em diferentes concentrações para obter valores de condutividade eléctrica (CE) de 1,4, *3,125, 6,25, 9,375, 12,5 e 15,625 ds/m(2)*: 1,4, 3,125, 6,25, 9,375, 12,5 e 15,625 ds/m^2. (EC 1,4 água da torneira como tratamento de controlo). As placas foram incubadas a 25° C±2 e o crescimento radial dos fungos nas várias concentrações de CE do meio foi medido após 10-15 dias, como redução do crescimento micelial (mm).

6.3. Efeito dos níveis de salinidade da água na incidência da doença da podridão radicular em mudas de diferentes texturas de solo (areia, argila e argila arenosa) e cultivares de tamareira (zaghloul, sammany e hayany) em estufa

Neste experimento foram utilizadas mudas de tamareira oriundas de sementes das cvs. zaghloul, sammany e hayany, cultivadas em três tipos de solo (areia, argila e argila arenosa). Os tratamentos de irrigação foram aplicados após a emergência das mudas, enquanto os testes de inoculação foram realizados seis meses após a emergência das mudas. As plantas de cada vaso foram irrigadas diariamente com 100 ml de solução de NaCl com valores de CE de: 1,4 (água da torneira), 6,9, 12,9, 18,4 e 26,5 ds/m^2. Foram reproduzidos cinco vasos de cada concentração de salinidade para cada cultivar, cada vaso contendo três mudas. As plantas de cinco réplicas de cada tratamento foram inoculadas adicionando 100 ml/ hifas ou suspensões de esporos ($4X10^6$/ml) de fungos patogénicos viz., *F. oxysproum, F. solani, F. monliforme, T. paradoxa, B. theobromae* e *R. solani*, enquanto as plântulas das outras cinco réplicas foram tratadas com água da torneira para servir de controlo. Todos os vasos foram mantidos na estufa com uma temperatura óptima de 25° C. Um mês após a inoculação, foi determinado o número de plantas infectadas e a gravidade da doença em cada tratamento.

7. Estudos de controlo biológico (agentes abióticos)

7.1. Extractos de plantas: Atividade antifúngica dos extractos de plantas na inibição do crescimento micelial dos fungos patogénicos *in vitro*

Nesta experiência, foram utilizados quatro materiais vegetais, ou seja, manjericão (*Ocimum basilicum*) L., manjerona (*Origanum majorana* L.), hortelã-pimenta (*Mentha piperita* L.) e hortelã-verde (*Mentha spicata* L.) como folhas secas. Os materiais vegetais foram obtidos da Gelcy Agro Organic Co. Giza, Egito. As folhas desidratadas (2-8 mm) foram homogeneizadas numa pasta de cada folha com um misturador e extraídas por dois métodos de acordo com (**Wokocha e Okereke, 2005)** como se segue:

- Água fria

Preparou-se um extrato de água fria das folhas moídas adicionando 100 g de folhas secas a 100 ml de água fria esterilizada (p/v) num copo de 500 ml, agitando vigorosamente, deixando repousar durante 1 hora e filtrando depois o extrato através de dobras de um pano de queijo esterilizado. Os extractos aquosos foram armazenados a 4°C em frascos pré-esterilizados. Para evitar contaminações e possíveis alterações químicas, os extractos foram utilizados num prazo de 3-4 dias.

O extrato bruto foi considerado como uma concentração de 100% e foram feitas diluições em série (0, 25, 50 e 75%) utilizando água destilada estéril.

- Água quente

Os extractos de água quente foram obtidos através da infusão de 100 g de materiais foliares moídos ou em pasta de cada planta separadamente com 100 ml de água destilada estéril (p/v) utilizando frascos cónicos de 250 ml num banho de água a 90°C durante 1 hora. Depois disso, a suspensão foi filtrada 5 vezes através de um pano de musselina estéril. Os extractos aquosos foram armazenados a 4°C em frascos pré-esterilizados. Para evitar a contaminação e possíveis alterações químicas, os extractos foram utilizados no prazo de 3-4 dias. O extrato bruto foi considerado como uma concentração de 100% e foram feitas diluições em série (0, 25, 50 e 75%) utilizando água destilada estéril.

O estudo *in vitro* teve como objetivo avaliar as propriedades de inibição do crescimento do micélio de quatro extractos de plantas. O manjericão, a manjerona, a hortelã-pimenta e a hortelã-salva foram aplicados contra cinco espécies de fungos patogénicos economicamente transmitidos pelo solo: *F. oxysproum, F. solani, F. monliforme, T. Paradoxa, B. theobromae* e *R. solani.* Foi estudada a eficácia do extrato de plantas de manjericão, manjerona, hortelã-pimenta e hortelã-espinhosa contra a inibição do crescimento do micélio em diferentes concentrações.

Foram utilizadas cinco concentrações de cada extrato de planta testado, isto é, (0, 25, 50, 75 e 100%). O efeito do extrato da planta (extrato frio e quente) na extensão dos micélios dos fungos patogénicos, ou seja, *F. oxysproum, F. solani, F. monliforme, T. Paradoxa, B. theobromae* e *R. solani*, foi obtido colocando um disco (5 mm de diâmetro) de culturas activas dos agentes patogénicos em cada uma das cinco placas de Petri (90 mm de diâmetro) com 17 ml de meio PDA e 3 ml de extrato de folhas. As experiências de controlo foram realizadas com 3 ml de água destilada estéril. Cinco réplicas de placas de ágar de extrato de folhas por isolado foram incubadas a (25±2°C). As medições diárias da extensão micelial das culturas foram determinadas através da medição da cultura ao longo de dois diâmetros. As experiências foram repetidas duas vezes. A inibição do crescimento micelial é considerada como o crescimento do fungo no ágar de extrato de folha expresso como percentagem do crescimento no PDA, como se segue:

$$\%MGI = DC - DT / DC \times 100$$

Onde:

%MGI = % de inibição do crescimento micelial

DC = diâmetro do controlo

DT = diâmetro do ensaio

Os extractos foram classificados quanto aos seus efeitos inibitórios utilizando a escala descrita por **(Sangoyoni, 2004)**;≤ 0% de inibição: não eficaz (-), >0- 20%: ligeiramente eficaz (+), >20-50%: moderadamente eficaz (++), >50- <100%: eficaz, e 100% de inibição: altamente eficaz (+++).

7.2. Óleos essenciais: Efeito do óleo essencial na inibição do crescimento micelial *in vitro*

Os óleos essenciais de grau puro, *ou seja,* cebola *(Allium cepa* L.), alho *(Allium sativum* L.) e cravinho *(Syzygium aromaticum* L.) foram obtidos na Haraz Factory for Natural Oils, Cairo - Egito. Os óleos essenciais foram armazenados em frascos de vidro escuro a 4°C.

A atividade antifúngica sobre o desenvolvimento de colónias de fungos patogénicos, ou seja, *F. oxysproum, F. solani, F. monliforme, T. Paradoxa, B. theobromae* e *R. solani*, foi obtida através do método de diluição (0, 25, 50, 100 e 500 ppm) de óleos essenciais (cebola, alho e cravinho) nos meios de cultura apropriados - PDA. Os óleos foram dissolvidos em 5% de Tween 20 e adicionados a 20 ml de PDA antes de serem solidificados numa placa de Petri. Foi colocado na placa de Petri um disco (0,5 cm de diâmetro) de um tampão micelial, retirado do bordo de culturas fúngicas activas. As placas de Petri foram colocadas em recipientes com papel de filtro humedecido com água, mantendo uma humidade relativa elevada durante o período de inoculação. Os controlos consistiram em 5% de Tween 20 misturado com PDA e foram manuseados de forma semelhante, com exceção do tratamento com voláteis. A eficácia dos tratamentos foi avaliada através da medição do desenvolvimento das colónias de fungos (em mm). O diâmetro das colónias foi medido e a percentagem de inibição do micélio foi calculada de acordo com o método de (**Deans e Svoboda, 1990**). Foram testadas cinco réplicas de cada tratamento e foi calculada a média. Foram efectuados simultaneamente ensaios de controlo sem a utilização do óleo essencial.

Os óleos foram classificados quanto aos seus efeitos inibitórios utilizando a escala descrita por **(Sangoyoni, 2004).**

7.3. Óleos fixos: Impacto do óleo fixo no crescimento do micélio *in vitro*

Óleos fixos de grau puro, *ou seja,* rúcula *(Eruca sativa* L.), sésamo *(Sesamum indicum* L.) e jojoba *(Simmondsia chinensis* L.) foram obtidos na El Baraka Factory for Natural oils, Hurghada- Egito. Os óleos essenciais foram armazenados em frascos de vidro escuro a 4°C.

A atividade antifúngica sobre o desenvolvimento de colónias de fungos patogénicos, ou seja, *F. oxysproum, F. solani, F. monliforme, T. Paradoxa, B. theobromae* e *R. solani*, foi obtida através do método de diluição (0, 25, 50, 100 e 500 ppm) de óleos fixos (rúcula, sésamo e jojoba) nos meios de cultura apropriados - PDA. Os óleos foram dissolvidos em 5% de Tween 20 e adicionados a 20 ml de PDA antes de serem solidificados numa placa de Petri. Foi colocado na placa de Petri um disco (0,5 cm de diâmetro) de um tampão micelial, retirado do bordo de culturas activas. As placas de Petri foram colocadas em recipientes com papel de filtro humedecido com água, mantendo uma humidade relativa elevada durante o período de inoculação. Os controlos consistiram em 5% de Tween 20 misturado com PDA e foram manuseados de forma semelhante, com exceção do tratamento com óleo fixo. A eficácia dos tratamentos foi avaliada através da medição do desenvolvimento das colónias de fungos (em mm). O diâmetro das colónias foi medido e a percentagem de inibição do micélio foi calculada de acordo com o método de **(Deans e Svoboda, 1990)**. Foram testadas cinco réplicas de cada tratamento e a média foi calculada. Foram efectuados simultaneamente ensaios de controlo sem a utilização do óleo essencial. Os óleos foram classificados quanto aos seus efeitos inibitórios utilizando a escala descrita por **(Sangoyoni, 2004)**.

8. Estudos de controlo biológico (agentes bióticos)

8.1. Isolamento de microrganismos antagonistas da rizosfera e do solo

Em pomares saudáveis, foram recolhidas raízes e solo de tamareira. As amostras de solo serão recolhidas como amostras compostas, cada amostra composta de solo próximo ou ligado a raízes com pedaços de raízes (solo associado à rizosfera) de acordo com **(Bao J. *et al.*, 2004)**.

8.2. Protocolo de recolha de amostras de solo

O solo é extraído com um berbequim, uma pá ou uma espátula, depois de tomadas as precauções de esterilização das ferramentas (flamejando com álcool etílico a 90%) para evitar qualquer risco de contaminação das amostras. Recolha de três grupos de amostras de solo, cada uma (250 gm) aleatoriamente de cada campo ou viveiro, incluindo cinco amostras (50 gm) de cada profundidade. As amostras serão mantidas num estado fresco e seco durante o transporte para o laboratório para minimizar o crescimento de microrganismos saprófitas. A amostra *in vitro* será seca a uma temperatura moderada (20-25°C) e depois recolhida em sacos de plástico e armazenada num frigorífico (4-6°C), para estudos posteriores.

8.3. Isolamento de microrganismos dos solos Técnicas de diluição de acordo com (Wollum, 1982; Bao, *etal.*, 2004)

8.3.1. Fungos e bactérias

Um grama de solo mais 9 ml de água destilada estéril são agitados em vórtex durante 1 minuto e, em seguida, as suspensões (diluições de 10-10^6 vezes) são colocadas em placas em diferentes meios, sendo depois feitas 5 placas de Petri que são mantidas em condições (temperaturas, luz e período de incubação), que são condutoras para o isolamento seletivo.

8.3.2. Actinomicetos

As amostras de solo são secas ao ar à temperatura ambiente durante 7-10 dias e depois passadas através de um peneiro de malha de 0,8 mm, sendo conservadas em sacos de polietileno à temperatura ambiente antes de serem utilizadas. As amostras (10 g) de solo seco ao ar são misturadas com água destilada estéril (100 ml). As misturas são agitadas vigorosamente durante 1 h e depois deixadas assentar durante 1 h. Porções (1 ml) de suspensões de solo (diluídas a 10^{-1}) serão transferidas para 9 ml de água destilada estéril e subsequentemente diluídas a 10^{-2}, $10^{(-3)}$, 10^{-4}, 10^{-5} e 10^{-6}. A inoculação consistiu na adição de alíquotas de diluições de solo de 10^{-3} a 10^{-6} a CGA em autoclave (1 ml-25 ml CGA) a 50°C antes de verter as placas e solidificar. São consideradas três réplicas para cada diluição. As placas serão incubadas a 30°C durante um máximo de 20 dias. A partir do 7º dia, as colónias de Actinomycetes são isoladas em CGA, incubadas a 28°C durante uma semana e armazenadas no frigorífico como culturas puras antes de serem utilizadas. **(Lee e Hwang, 2002)** e **(Aghighi, *etal.*, 2004)**.

8.4. Os microrganismos das superfícies radiculares (rizosfera) foram isolados colocando 0,2 g de secções radiculares em 100 ml de água esterilizada num frasco e agitando-o num rotativo a 150 rpm durante 30 minutos. Os segmentos de raiz, bem como uma série de diluições de 10 vezes das suspensões de água resultantes, são colocados em vários meios selectivos gerais para recuperar microrganismos de raiz, sendo depois incubados conforme descrito acima. **(Bao, *et al.*, 2004)**.

9. Avaliação de diferentes microrganismos antagonistas isolados contra fungos patogénicos de raízes de tamareira *in vitro*

A relação entre diferentes microrganismos isolados da raiz e do solo (bactérias, tricodermia e actinomicetos) e fungos patogénicos foi estudada da seguinte forma: :

A- Todos os isolados bacterianos foram inicialmente analisados quanto à capacidade de inibir o crescimento de fungos em placas de PDA. Foram selecionadas colónias individuais, colocadas ao longo do perímetro das placas e incubadas de um dia para o outro a 28°C.

No dia seguinte, cada placa foi inoculada no centro com um tampão de 5 mm de diâmetro do fungo em crescimento. As placas foram incubadas a 28°C durante 2-3 dias e observadas quanto à inibição do crescimento fúngico. As bactérias positivas para o antagonismo foram selecionadas. As zonas de inibição indicaram atividade antifúngica e as estirpes foram classificadas de acordo com a zona de inibição. Uma zona de inibição foi definida como a distância entre a borda principal do crescimento fúngico e a borda mais próxima da bactéria. A inibição foi expressa em relação a uma estirpe de controlo colocada na mesma placa.

B- Discos de cinco milímetros de diâmetro do isolado *de T. harzianum* ou de actinomicetos foram retirados do bordo das colónias de culturas activas e colocados num dos lados de uma placa de Petri contendo meio PDA. Placas semelhantes de cada um dos isolados de fungos patogénicos cultivados da mesma forma foram colocadas no lado oposto das placas de Petri e constituíram três réplicas. As culturas foram observadas diariamente e registadas quanto ao antagonismo ou parasitismo dos isolados *de Trichoderma* ou actinomicetos contra os fungos patogénicos. As experiências foram repetidas duas vezes para os isolados bacterianos, de Trichoderma e de actinomicetos mais antagónicos para avaliar a reprodutibilidade.

10. Formulações comerciais de bioagentes

Quatro bioagentes comerciais foram utilizados nestas experiências, nomeadamente, Bio-zeid *(Trichoderma album)* $10X10^6$ esporos/ml, Bio-Arc *(Bacillus megaterium)* $25X10^6$ células/ml, Plant Guard *(Trichoderma herzianum)* $30X10^6$ esporos/ml, Rhizo-N *(Bacillus subtilus)* $30X10^6$ células/ml.

10.1. Formulação comercial de bioagentes para bioensaios sobre a inibição do crescimento de fungos patogénicos *in vitro*

Foram utilizadas três concentrações de cada bioagente comercial testado, ou seja,

1,25, 2,5 e 3,5 g/L para Bio-zeid e Bio-arc; 3, 4 e 5 g/L para Rhizo-N while; 1,25, 2,5 e 3,5 ml/L para Plant guard. Bioensaio A atividade dos bioagentes no desenvolvimento de colónias de fungos patogénicos, ou seja, *F. oxysproum, F. solani, F. monliforme, T. Paradoxa, B. theobromae* e *R. solani*, foi obtida pelo método de diluição de diferentes concentrações de bioagentes nos meios de cultura apropriados - PDA. Os bioagentes foram dissolvidos em água destilada estéril (SDW) e adicionados a 20 ml de PDA antes de serem solidificados numa placa de Petri. Foi colocado na placa de Petri um disco (0,5 cm de diâmetro) de um tampão micelial, retirado do bordo de culturas fúngicas activas. As placas de Petri foram colocadas em recipientes com papel de filtro humedecido com água, mantendo uma humidade relativa elevada (HR 90-95%) durante o período de inoculação. Os controlos consistiram em SDW misturado com PDA e foram manuseados de forma semelhante, com exceção do tratamento com óleo fixo. A eficácia dos tratamentos foi avaliada através da medição do desenvolvimento das colónias de fungos (em mm). O diâmetro das colónias foi medido e a percentagem de inibição do micélio foi calculada de acordo com o método de **(Deans e Svoboda, 1990)**. Foram testadas cinco réplicas de cada tratamento e foi calculada a média. Os conjuntos de controlo foram executados simultaneamente sem a utilização das formulações de bioagentes.

As formulações de bioagentes foram classificadas quanto aos seus efeitos inibitórios utilizando a escala descrita acima.

11. Controlo químico: Efeito dos fungicidas no crescimento linear micelial de fungos patogénicos

Neste estudo, foram utilizados seis fungicidas: tiofanato metílico (Topsin M70/WP

70%), carbendazime (Kema-Z/WP50%), carboxina tirame (Vitavax/WP75%), himexazol (Tachigaren/WP30%), flutolanil (Moncut/WP25%) e pencycuron (Monceren WP25%). Todas as propriedades de todos os fungicidas estudados no **(Anexo No.1)**, respetivamente, de acordo com **Anonymous (2003)**. As concentrações dos fungicidas, ou seja, 5, 10, 50, 100, 500 e 1000 ppm, foram testadas contra fungos patogénicos, nomeadamente *F. oxysproum, F. solani, F. monliforme, T. Paradoxa, B. theobromae* e *R. solani.*

Foram utilizadas *in vitro* seis concentrações de cada fungicida testado, ou seja, 5, 10, 50, 100, 500 e 1000 ppm, com base no ingrediente ativo de cada fungicida. O efeito dos fungicidas na extensão dos micélios dos fungos patogénicos foi obtido colocando um disco (5 mm de diâmetro) de culturas activas dos agentes patogénicos em cada uma das cinco placas de Petri (9 cm de diâmetro) com 17 ml de meio PDA e 3 ml de fungicida. As experiências de controlo foram realizadas com 3 ml de água destilada estéril. Cinco réplicas de placas de ágar fungicida por isolado foram incubadas à temperatura ambiente (25±2° C) durante sete dias. As medições diárias da extensão micelial das culturas foram determinadas através da medição da cultura ao longo de dois diâmetros. A inibição do crescimento micelial é considerada como o crescimento do fungo no ágar de extrato de folha expresso como percentagem do crescimento no PDA, como mencionado acima.

12. Controlo das doenças da podridão radicular da tamareira com diferentes tratamentos em estufa

Nesta experiência, foi utilizado um controlo biológico (abiótico ou biótico) e uma formulação química. O bioagente mais eficaz (abiótico ou biótico) e a formulação química foram aplicados em estufa de acordo com os resultados *in vitro*. A inoculação de fungos patogénicos foi realizada como anteriormente no teste de patogenicidade. Os tratamentos mais eficazes *in vitro* de extractos de plantas, óleos essenciais e fixos, formulação de bioagentes e fungicidas foram utilizados em duas experiências. Todos os tratamentos foram aplicados no solo para controlar as doenças da podridão radicular das plântulas de tamareira cv. Zaghloul. A experiência foi dividida em dois tratamentos de acordo com o tempo de tratamento do agente de controlo e dos fungos patogénicos. No tratamento da secção 1, o agente de controlo foi aplicado três dias antes da inoculação do fungo patogénico. No tratamento da secção 2, o agente de controlo foi aplicado três dias após a inoculação do fungo patogénico. Tratamentos de controlo inoculação de fungos patogénicos sem quaisquer tratamentos. Os dados foram registados após a morte completa das plantas tratadas no tratamento de controlo. Os dados registados foram calculados como severidade da doença, tal como foi explicado anteriormente no final do teste de patogenicidade. Os dados calculados foram convertidos em percentagem de redução da gravidade da doença, como descrito acima.

13. Análise estatística

Os resultados das experiências anteriores foram analisados utilizando o software CoStat versão 6.400- CoHort Software. As médias de todos os tratamentos foram comparadas pela diferença mínima significativa (L.S.D.) ao nível de 5% de probabilidade de acordo com **(Gary, 2010)**.

CAPÍTULO 4. RESULTADOS EXPERIMENTAIS

1- Levantamento das doenças fúngicas radiculares da tamareira

O levantamento de doenças efectuado durante as estações de crescimento de 2005-2008 mostra claramente que os sintomas típicos da podridão radicular da tamareira foram observados em todas as províncias. A incidência da doença, bem como a sua gravidade, foram diferentes de província para província, e mesmo de variedade para variedade.

Os dados do Quadro (1) e da Figura (1) mostram que a incidência da doença e as percentagens de gravidade da doença da podridão radicular afectaram todas as cultivares estudadas de tamareiras nos diferentes locais inspeccionados em todas as províncias. A percentagem de incidência da doença e a gravidade da doença diferiram consoante a localidade. A percentagem mais elevada de incidência da doença (DI%) e de gravidade (DS%) da podridão radicular foi registada em Assuão (80%DI e 45%DS), seguida de Luxor, Behera e Marsa-Matrouh (65%DI e 37,50%DS), (60%DI e 30%DS) e (50%DI e 25%DS), respetivamente. Enquanto que a percentagem mais baixa de incidência e gravidade da doença foi observada em Ismailia, Sharkyia e Giza (20%DI e 5%DS), (15%DI e 3,75%DS) e (10%DI e 2,5%DS), respetivamente. Também a Fig. (2) mostra os sintomas naturais das doenças da podridão radicular da tamareira.

2- Isolamento e identificação

Oito fungos, *Fusarium* spp., *Botrydiplodia theobromae, Thielaviopsis paradoxa, Gliocladium* sp., *Rhizoctonia solani, Aspergillus* sp., *Phomopsis* sp., *Stemphylium* sp. foram isolados de amostras de raízes doentes de tamareiras recolhidas em diferentes províncias. Além disso, foram isolados oito fungos diferentes, *nomeadamente Fusarium* spp., *Aspergillus* sp., *Thielaviopsis paradoxa, Mucor* sp., *Cladosporum* sp., *Stemphylium* sp., *Alternaria* sp. e *Rhizoctonia solani* de amostras de solo doentes de tamareiras recolhidas em diferentes províncias.

Os dados do quadro (2) mostram que as amostras doentes recolhidas na província de Assuão registaram o maior número de fungos *F. oxysporum* isolados da raiz (60%) e (30%) da rizosfera, a província de Behera registou o maior número de fungos *T. paradoxa* (50 e 40%) a partir das raízes e da rizosfera, respetivamente, enquanto *B. theobromae* foi (30% a partir das raízes), a província de Giza registou a contagem mais elevada de fungos *F. oxysporum* e *F. moniliform* (60 e 30%) a partir das raízes, respetivamente, a província de Ismailia registou a contagem mais elevada de fungos *F. oxysporum* (50 e 70%) a partir da raiz e da rizosfera, respetivamente, enquanto *R. solani* (15 e 10%) a partir da raiz e da rizosfera, respetivamente, a província de Luxor apresentou a contagem mais elevada de fungos *F. oxysporum* e *F. moniliforme* (60 e 25%) das raízes, respetivamente, a província de Sharkyia registou a contagem mais elevada de *R. solani* (70%) da rizosfera, enquanto *F. oxysporum* (90%) das raízes e a província de Marsa-Matrouh registou a contagem mais elevada de fungos *F. solani* (70%) da rizosfera, enquanto *F. oxysporum* (60%) das raízes. Em geral, a distribuição mais elevada de fungos em todas as províncias estudadas foi a de *F. oxsporum,* seguida de *T. paradoxa.* Enquanto o fungo *R. solani* apresentou a menor distribuição em todas as províncias estudadas.

3. Teste de patogenicidade dos fungos isolados mais frequentes

Diferentes fungos isolados, *viz. F. oxysporum, F. moniliforme, F. solani, F. semitectum, B. theobromae, T. paradoxa* e *R. solanif* de diferentes locais e diferentes províncias foram utilizados para investigar as capacidades patogénicas em plântulas jovens de tamareira, originárias de sementes de três variedades. Zaghloul, Sammany e Hayany.

O teste de patogenicidade em diferentes variedades de plântulas de tamareira pelo método de ferimento após três meses, os dados na (Tabela 3) evidenciam que todos os fungos testados foram capazes de induzir a reação de doenças de podridão radicular, exceto o fungo *F. semitectum* que não era patogénico para a podridão radicular de plântulas de tamareira. O isolado de *F. oxysporum* obtido da província de Assuão foi o mais virulento (40,6% de gravidade da doença) das três cultivares, seguido pelo isolado 4 de *F. oxysporum* obtido de Luxor (31,8%DS). Por outro lado, os isolados 2, 6, 3 e 5 de *F. oxysporum* apresentaram uma severidade variável (23,4, 20,1, 19,9 e 19,7% SDS, respetivamente). Por outro lado, *F. solani* e *T. paradoxa* foram registados (23,8 e 23,8% DS) para as três cultivares. *B. theobromae, F. moniliforme* e *R. solani* foram registados (19,5, 14,8 e 14,3% DS respetivamente) para as três cultivares. Zaghloul foi o mais suscetível a todos os fungos testados, exceto *F. semitectum,* seguido pelas vars. Sammany e Hayany, respetivamente. Os dados também mostram que o aumento do tempo levou ao aumento da severidade da doença para todos os fungos e variedades.

Os dados do quadro (4) indicam que, dependendo do método de não ferimento, o isolado 1 de F. *oxysporum* obtido da província de Assuão foi o mais virulento, com uma gravidade da doença variável (21,1%) das três variedades, seguido do isolado

4 de *F. oxysporum* obtido de Luxor (15,0%DS). Por outro lado, os isolados 2, 5, 3 e 6 de *F. oxysporum* apresentaram uma severidade variável (10,5, 10,2, 9,9% e 9,1%DS, respetivamente). Por outro lado, *F. solani* e *T. paradoxa* foram registados (16,3 e 13,7% SD) para as três cultivares. *F. moniliforme, R. solani* e *B. theobromae* foram registados (10,2, 9,6 e 9,4% SDS, respetivamente) para as três cultivares. Zaghloul foi o mais suscetível a todos os fungos testados, exceto *F. semitectum*, seguido pelas vars. Sammany e Hayany, respetivamente. Os dados também mostram que o aumento do tempo levou ao aumento da gravidade da doença para todos os fungos e variedades. Todos os tempos foram significativos para todos os fungos e variedades.

4. Reação varietal

Foram utilizados rebentos de tamareira de três cultivares, Zaghloul, Sammany e Hayany, para estudar a sua suscetibilidade aos fungos patogénicos *F. oxysporum*, *F. moniliforme*, *F. solani*, *B. theobromae*, *T. paradoxa* e *R. solani*.

Os dados do Quadro (5) e da Fig. (3) mostram que, dependendo do método de ferimento, todas as cultivares testadas foram susceptíveis à infeção em diferentes níveis. A cv. Zaghloul foi a mais suscetível aos fungos testados, seguida da cv. Hayany, enquanto a cv. Sammany foi a menos suscetível. Por outro lado, *F. oxysporum* e *F. solani* foram os mais virulentos (23,01 e 14,35% DS respetivamente), seguidos por *T. paradoxa* e *F. moniliforme* (12,59 e 10,46% respetivamente) foram os moderadamente virulentos, enquanto *B. theobromae* e *R. solani* (9,63 e 8,24% DS respetivamente) foram os fracamente virulentos para todas as cultivares de tamareira. O tempo foi significativo para todos os fungos e cultivares.

A Tabela (6) e ilustrada na Fig. (4) indicam que, dependendo do método de não ferimento, todos os fungos foram patogénicos para todas as cultivares de rebentos de tamareira. *F. oxysporum, F. moniliforme* e *T. paradoxa* foram os mais virulentos para os rebentos de tamareira (13,33, 8,93 e 7,98% DS, respetivamente), enquanto *F. solani* e *B. theobromae* (6,23 e 5,94% DS, respetivamente) foram moderadamente virulentos, enquanto *R. solani* foi o pouco virulento (3,46% DS). Por outro lado, a cv. Hayany foi a mais suscetível a todos os fungos patogénicos, seguida da cv. Sammany foi moderadamente suscetível, enquanto Zaghloul foi a menos suscetível. Os tempos foram significativos com todos os fungos e cultivares.

Tabela (1): Estudo de campo da podridão radicular de diferentes cultivares de tamareiras em diferentes províncias

Governorados	Regiões	Número total de tamareiras*	Incidência da doença%	Gravidade da doença %
Marsa-Matrouh	Siwa	436344	50.00	25.00
Behera	Rashid - Edko	1128466	60.00	30.00
Sharkyia	Belbeas	1214798	15.00	3.75
Ismailia	Al- Ferdan	479766	20.00	5.00
Gizé	El-Mansoria	514586	10.00	2.50
Luxor	Luxor	38393	65.00	37.50
Assuão	Abo El Ryesh- Al Akab	1008429	80.00	45.00

*Anónimo (2009). Estudo de Indicadores Importantes das Estatísticas Agrícolas. Ministério da Agricultura e da Recuperação dos Solos. Secção de Assuntos Económicos, Egito.

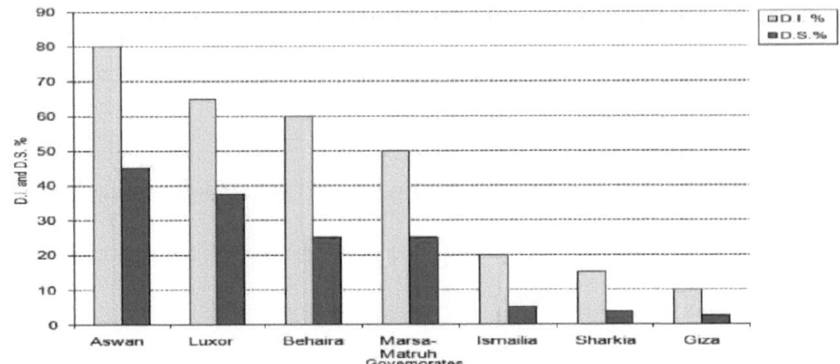

Fig. (1): Field observation of decline root rot of date palm in differnet governorates

A. Sintoma natural no terreno

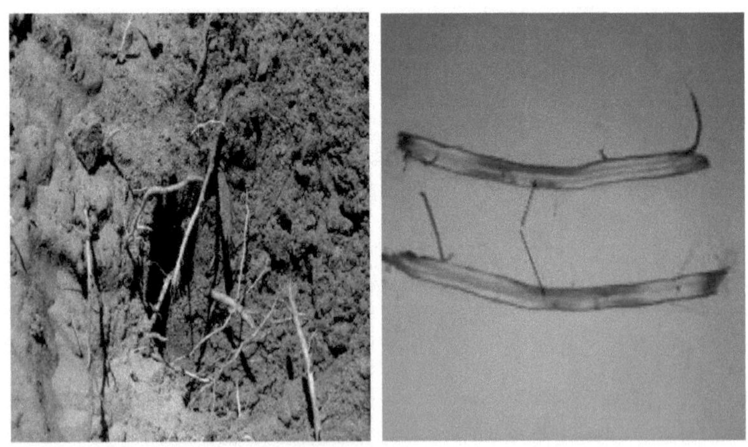

B. Sintomas naturais da podridão radicular C. Sintomas naturais no interior da raiz.

Fig. (2): Sintomas naturais da podridão radicular da tamareira nas folhas e nas raízes.

Tabela (2): Ocorrência e frequência (%) de fungos isolados da podridão radicular de declínio e do solo de tamareiras em diferentes províncias.

Governorates	Cultivar	Number of samples	Samples (Roots/Rhizosphere)	Associated fungi	Number of isolates	Frequency %
Marsa-Matrouh	Siway	10	Roots	*Fusarium oxysporum*	60	60
				Fusarium solani	30	30
				Phomopsis sp.	5	5
				Stemphylium sp.	5	5
		10	Rhizoshpere	*Fusarium solani*	105	70
				Aspergillus sp.	30	20
				Rhizoctonia solani	15	10
Behera	Hayany	6	Roots	*Thielaviopsis paradoxa*	50	50
				Botryodiplodia theobromae	30	30
				Fusarium semitectum	20	20
		6	Rhizoshpere	*Thielaviopsis paradoxa*	92	40
				Fusarium oxysporum	46	20
				Aspergillus sp.	46	20
				Cladosporium sp.	23	10
				Mucor sp.	23	10
Sharkyia	Zaghloul	6	Roots	*Fusarium oxysporum*	90	90
				Fusarium semitectum	10	10
		6	Rhizoshpere	*Rhizoctonia solani*	126	70
				Aspergillus sp	36	20
				Fusarium semitectum	18	10
Ismailia	Samany	8	Roots	*Fusarium oxysporum*	50	50
				Fusarium solani	35	35
				Rhizoctonia solani	15	15
		8	Rhizoshpere	*Fusarium oxysporum*	147	70
				Rhizoctonia solani	21	10
				Aspergillus sp.	21	10
				Mucor sp.	21	10
Giza	Zaghloul	8	Roots	*Fusarium oxysporum*	60	60
				Fusarium moniliforme	30	30
				Gliocladium sp.	10	10
		8	Rhizoshpere	*Stemphylium* sp.	39	30
				Aspergillus sp.	39	30
				Alternaria sp.	26	20
				Mucor sp.	26	20
Luxor	Medjhol	12	Roots	*Fusarium oxysporum*	60	60
				Fusarium moniliforme	25	25
				Aspergillus sp.	15	15
		12	Rhizoshpere	*Fusarium semitectum*	175	70
				Aspergillus sp.	75	30
Aswan	Medjhol	20	Roots	*Fusarium oxysporum*	60	60
				Fusarium moniliforme	20	20
				Fusarium solani	20	20
		20	Rhizoshpere	*Fusarium oxysporum*	78	30
				Fusarium semitectum	52	20
				Fusarium solani	52	20
				Fusarium subglutinans	26	10
				Fusarium clamidospores	26	10
				Aspergillus sp	26	10

Tabela (3): Teste de patogenicidade utilizando diferentes variedades de plântulas de tamareira feridas após 30, 45, 60 e 90 dias após a inoculação.

Fungi	%Disease severity on date palm vars.															
	Zaghloul					Sammany					Hayany					Mean mean
	30 days	45 days	60 days	90 days	Mean	30 days	45 days	60 days	90 days	Mean	30 days	45 days	60 days	90 days	Mean	
F. oxysporum1	37.5	54.2	58.3	70.8	55.2	25.4	33.3	39.2	42.1	35.0	22.9	26.3	33.3	44.2	31.7	40.6
F. oxysporum2	25.4	33.3	35.4	45.8	35.0	17.5	19.2	20.4	21.7	19.7	12.5	15.0	15.4	18.8	15.4	23.4
F. oxysporum3	22.9	31.3	37.5	37.5	32.3	10.4	13.3	15.4	17.9	14.3	8.3	12.5	13.3	17.9	13.0	19.9
F. oxysporum4	33.3	40.8	50.0	58.3	45.6	21.3	22.5	26.3	33.3	25.8	18.3	20.4	23.8	33.3	24.0	31.8
F. oxysporum5	25.0	35.4	37.5	39.2	34.3	0.0	13.3	14.2	14.2	10.4	11.7	13.3	16.3	16.3	14.4	19.7
F. oxysporum6	25.0	33.3	35.0	39.2	33.1	0.0	15.8	16.7	17.5	12.5	8.3	15.8	16.7	17.5	14.6	20.1
F. moniliforme	0.0	25.0	27.1	35.4	21.9	0.0	0.0	15.8	16.7	8.1	11.7	13.3	15.4	16.7	14.3	14.8
F. solani	0.0	28.1	37.5	46.9	28.1	18.3	18.8	23.1	23.1	20.8	18.3	21.3	23.1	27.5	22.6	23.8
F. semitectum	0.0	0.0	0.0	0.0	0.0	0.0	0.0	0.0	0.0	0.0	0.0	0.0	0.0	0.0	0.0	0.0
B. theobromae	0.0	29.2	33.3	38.3	25.2	15.8	17.5	19.2	20.4	18.2	7.5	13.3	17.9	21.3	15.0	19.5
T. Paradoxa	0.0	33.3	41.7	47.9	30.7	15.0	17.5	20.8	22.1	18.9	18.3	19.6	22.9	26.3	21.8	23.8
R. solani	0.0	25.0	29.2	31.3	21.4	0.0	9.2	13.3	14.2	9.2	8.3	10.8	14.2	15.8	12.3	14.3
Mean	14.1	30.7	35.2	40.9	30.2	10.3	15.0	18.7	20.3	16.1	12.2	15.1	17.7	21.3	16.6	21.0

L. S. D. at 0.05%

Fungi (F)	2.2	F * V	3.8	F * V * T	7.6
Varieties (V)	1.1	F * T	4.4		
Period after inoculation (T)	1.3	V * T	2.2		

Tabela (4): Teste de patogenicidade utilizando diferentes variedades de plântulas de tamareira não feridas após 30, 45, 60 e 90 dias após a inoculação.

Fungi	%Disease severity on date palm vars.															
	Zaghloul					Sammany					Hayany					Mean mean
	30 days	45 days	60 days	90 days	Mean	30 days	45 days	60 days	90 days	Mean	30 days	45 days	60 days	90 days	Mean	
F. oxysporum1	0.0	28.8	33.3	37.5	24.9	13.3	19.2	20.8	23.8	19.3	13.3	19.2	20.8	23.8	19.3	21.1
F. oxysporum2	0.0	15.8	20.0	22.5	14.6	0.0	10.4	14.2	15.8	10.1	0.0	8.3	8.3	10.8	6.9	10.5
F. oxysporum3	0.0	13.3	19.2	20.8	13.3	0.0	8.3	12.5	14.6	8.9	0.0	8.3	10.4	11.7	7.6	9.9
F. oxysporum4	0.0	22.9	26.3	27.1	19.1	0.0	13.3	18.8	20.8	13.2	0.0	13.3	17.1	20.8	12.8	15.0
F. oxysporum5	0.0	18.3	21.7	23.3	15.8	0.0	0.0	13.3	14.2	6.9	0.0	8.3	10.8	12.5	7.9	10.2
F. oxysporum6	0.0	12.5	16.7	17.5	11.7	0.0	0.0	13.8	15.8	7.4	0.0	8.3	10.8	13.3	8.1	9.1
F. moniliforme	0.0	13.3	15.8	20.0	12.3	0.0	8.3	15.4	17.5	10.3	0.0	8.3	10.8	12.5	7.9	10.2
F. solani	0.0	24.4	28.1	31.3	20.9	0.0	13.3	18.3	20.6	13.1	0.0	17.9	19.6	22.5	15.0	16.3
F. semitectum	0.0	0.0	0.0	0.0	0.0	0.0	0.0	0.0	0.0	0.0	0.0	0.0	0.0	0.0	0.0	0.0
B. theobromae	0.0	0.0	12.5	13.3	6.5	0.0	12.5	14.2	17.1	10.9	0.0	12.5	14.2	17.1	10.9	9.4
T. Paradoxa	0.0	0.0	22.5	25.4	12.0	0.0	15.4	19.2	22.9	14.4	0.0	16.3	19.2	23.3	14.7	13.7
R. solani	0.0	0.0	10.8	12.5	5.8	0.0	10.8	14.6	15.8	10.3	0.0	15.8	16.7	18.3	12.7	9.6
Mean	0.0	12.4	18.9	20.9	13.1	1.1	9.3	14.6	16.6	10.4	1.1	11.4	13.2	15.6	10.3	11.3

L. S. D. at 0.05%

Fungi (F)=	1.5	F * V =	2.6	F * V * T	5.1
Varieties (V)=	0.7	F * T =	2.9		
Period after inoculation (T)=	0.9	V * T =	1.5		

Tabela (5): Teste de patogenicidade em diferentes cultivares de rebentos feridos de tamareiras aos 3, 6 e 9 meses após a inoculação.

Fungi	%Disease severity on date palm cvs. Zaghlol				Sammany				Hayany				Main Mean
	3 Months	6 Months	9 Months	Mean	3 Months	6 Months	9 Months	Mean	3 Months	6 Months	9 Months	Mean	
F. oxysporum 1	20.42	24.17	45.42	30.00	15.83	16.67	21.67	18.06	18.75	20.83	23.33	20.97	23.01
F. solani	16.25	18.75	21.25	18.75	11.67	12.92	14.58	13.06	10.42	10.83	12.50	11.25	14.35
T. Paradoxa	13.33	15.42	17.50	15.42	9.58	11.25	13.33	11.39	10.42	10.83	11.67	10.97	12.59
F. moniliforme	10.42	11.67	15.42	12.50	7.08	8.75	10.83	8.89	7.50	10.42	12.08	10.00	10.46
B. theobromae	7.92	10.42	11.67	10.00	7.92	9.17	11.25	9.45	8.33	8.75	11.25	9.44	9.63
R. solani	7.50	8.33	10.83	8.89	5.42	5.83	8.33	6.53	8.33	9.17	10.42	9.31	8.24
Control	0.00	0.00	0.00	0.00	0.00	0.00	0.00	0.00	0.00	0.00	0.00	0.00	0.00
Mean	10.83	12.68	17.44	13.65	8.21	9.23	11.43	9.62	9.11	10.12	11.61	10.28	11.18

L. S. D. at 5%

Fungi (F)	0.94	F * V	1.73	F * V * T	2.99
Cultivars (V)	0.62	F * T	1.73		
Period after inoculation (T)	0.62	T * V	1.22		

Tabela (6): Teste de patogenicidade em diferentes cultivares de rebentos de tamareira não feridos aos 3, 6 e 9 meses após a inoculação.

Fungi	%Disease severity on date palm cvs. Zaghlol				Sammany				Hayany				Main Mean
	3 Months	6 Months	9 Months	Mean	3 Months	6 Months	9 Months	Mean	3 Months	6 Months	9 Months	Mean	
F. oxysporum 1	12.50	14.17	17.08	14.58	11.67	15.83	18.33	15.28	7.92	10.42	12.08	10.14	13.33
T. Paradoxa	9.17	11.25	12.92	11.11	8.67	9.08	9.58	9.11	5.83	6.42	7.42	6.56	8.93
F. solani	6.25	7.50	8.75	7.50	7.08	8.33	11.67	9.03	5.83	7.92	8.50	7.42	7.98
F. moniliforme	3.67	6.33	6.83	5.61	3.50	6.25	8.33	6.03	5.33	7.08	8.75	7.05	6.23
B. theobromae	5.92	6.33	6.42	6.22	5.75	6.17	6.58	6.17	4.67	5.42	6.42	5.50	5.96
R. solani	3.25	3.83	4.25	3.78	2.92	3.17	3.58	3.22	2.92	3.33	3.92	3.39	3.46
Control	0.00	0.00	0.00	0.00	0.00	0.00	0.00	0.00	0.00	0.00	0.00	0.00	0.00
Mean	5.82	7.06	8.04	6.97	5.66	6.98	8.30	6.98	4.64	5.80	6.73	5.72	6.56

L. S. D. at 5%

Fungi (F)	0.43	F * V	0.73	F * V * T	n.s.
Cultivars (V)	0.28	F * T	0.73		
Period after inoculation (T)	0.28	T * V	n.s.		

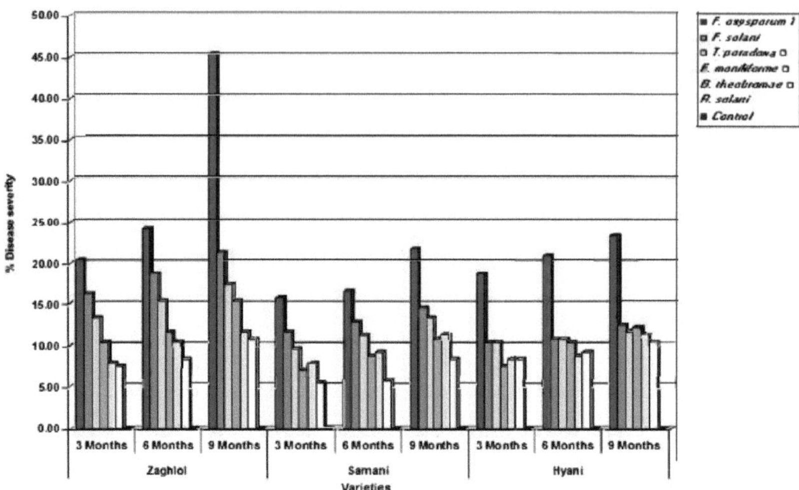

Fig. (3): Teste de patogenicidade em diferentes variedades de rebentos de tamareira (feridos) após nove meses

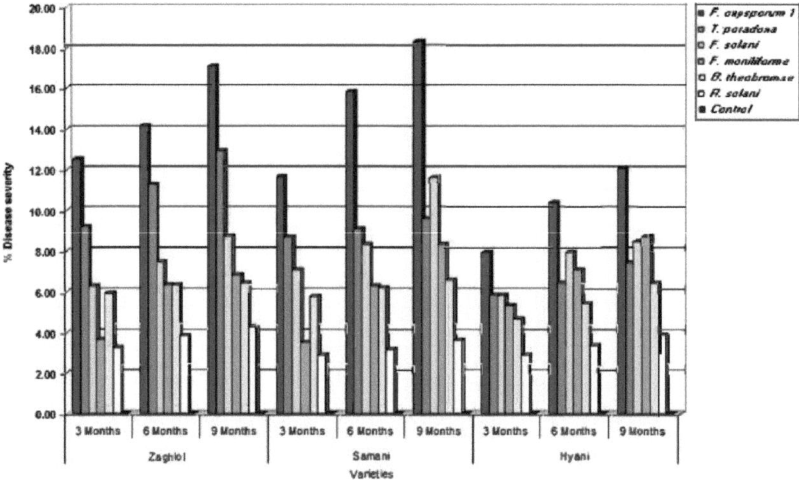

Fig. (4): Teste de patogenicidade em diferentes variedades de rebentos de tamareira (não feridos) após nove meses.

5. Interação entre as variedades, os fungos patogénicos e as condições ambientais na severidade da doença podridão radicular da tamareira.

5.1. Efeito dos graus de temperatura no crescimento micelial linear dos fungos patogénicos testados *in vitro.*

Os dados da Tabela (7) indicam que os graus de temperatura mais eficazes para o crescimento hifal de todos os fungos testados foram 25°C (76,01% de crescimento micelial), seguidos de 30°C (75,50% de crescimento) e 35°C (65,69% de crescimento), enquanto que 20 e 40°C foram (48,97% e 41,65% de crescimento, respetivamente). Por outro lado, as temperaturas óptimas para os fungos patogénicos foram *F. oxysporum* 25-30°C, *F. moniliforme* 25°C, *F. solani* 30-35°C, *B. theobromae* 30-35°C, *T. paradoxa* 25-30°C e *R. solani* 25°C.

5.2. Efeito de diferentes graus de temperatura na infeção da raiz de plântulas de tamareira

diferentes variedades com fungos patogénicos em estufa:

O efeito de diferentes graus de temperatura (i.e., 20, 25, 30, 35 e 40°C) na infeção de plântulas de tamareira com fungos patogénicos foi realizado em condições de estufa, para determinar a temperatura óptima para cada fungo patogénico da severidade da doença em diferentes variedades de plântulas de tamareira com podridão radicular. Os resultados obtidos (Quadro 8) mostram que os graus de temperatura óptimos para os fungos patogénicos viz., *T. paradoxa, B. theobormae, F. oxysporum, F. moniliforme, F. solani* e *R. solani* foi de 30°C (12,75, 12,44, 10,61, 9,47, 9,47 e 8,56% como gravidade da doença, respetivamente). Por outro lado, as vars. Zaghloul e Hayany foram mais susceptíveis à severidade da doença (9,28 e 9,10% DS respetivamente), enquanto as vars. Sammany foi a menos suscetível (8,20% DS).

5.3 Efeito da humidade relativa no crescimento micelial linear dos fungos patogénicos testados *in vitro.*

Os dados da Tabela (9) e ilustrados na Fig. (5) mostram que a RH% mais eficaz para o crescimento de hifas foi 70% (84,11% de crescimento micelial), seguida de 60% (75,47% de crescimento) e 80% (76,18% de crescimento). Enquanto que, 10, 20, 30, 40, 50, 90 e 100% foram variadas (15,91, 21,66, 29,36, 37,83, 50,58, 57,62 e 40,98% de crescimento, respetivamente) para todos os fungos testados. Por outro lado, as RH% óptimas para fungos patogénicos foram *F. oxysporum* 60-70%, *F. moniliforme* 60-70%, *F. solani* 80%, *B. theobromae* 60-70%, *T. paradoxa* 80% e *R. solani* 70%.

5.4. Efeito dos níveis de humidade relativa (RH%) na infeção de plântulas de raiz de variedades de tamareira com fungos patogénicos em estufa:

Os efeitos de diferentes níveis de humidade relativa (i.e., 10, 20, 30, 40, 50, 60, 70, 80, 90 e 100%) na infeção de plântulas de tamareira com fungos patogénicos foram realizados em condições de estufa, para determinar o nível ótimo de humidade relativa% para cada fungo patogénico da gravidade da doença em diferentes variedades de plântulas de tamareira. Os dados do quadro 10 e da figura 6 mostram que a humidade relativa óptima para a gravidade da doença foi de 60% de HR para fungos patogénicos, *nomeadamente T. paradoxa, F. oxysporum, F. solani, B. theobormae, F. moniliforme* e *R. solani* (21,44, 20,59, 19,81, 19,72, 19,25 e 14,42% de gravidade da doença, respetivamente). Por outro lado, as variedades Hayany e Zaghloul foram as mais susceptíveis (10,10 e 10,08% de severidade da doença, respetivamente), seguidas pela variedade Sammany (9,37% DS).

5.5. Dados meteorológicos

Este modelo baseou-se nas temperaturas do ar, na HR e nas temperaturas do solo, registadas em três províncias.

5.6.Relação entre condições ambientais, variedades e fungos patogénicos na incidência de doenças da podridão radicular da tamareira (modelo de previsão)

Modelo de previsão da severidade da doença em função dos dados recolhidos no site interação entre a temperatura, a humidade relativa e a severidade da doença em estufa, todos os dados analisados com recurso a software (STATG RAPHICS Centurion XV - Versão 15.2.11 - Stat Point, Inc.).

*** Previsão da gravidade da doença (DS%) com a temperatura (TEMP) e/ou humidade relativa (RH)**

Os dados da Tabela (11) e da Fig. (7) mostram que o modelo linear obteve a percentagem mais baixa de previsão da gravidade da doença esperada (r^2 = 4,22, 8,35, 6,17 e 6,17, respetivamente) na equação n.º (1, 3, 5 e 7, respetivamente). Por outro lado, o modelo polinomial apresentou a percentagem mais elevada de previsão da gravidade da doença esperada (r^2 = 25,17, 81,57, 6,27 e 12,84, respetivamente) na equação n.º (2, 4, 6 e 8, respetivamente).

Tabela (7): Efeito da temperatura no crescimento linear (mm) ***in vitro*** de fungos patogénicos causadores da podridão radicular da tamareira.

Fungi	Temperatures °C					Mean
	20	25	30	35	40	
F. oxysporum	33.88	73.96	90.00	53.12	25.10	55.21
F. moniliforme	67.36	90.00	54.97	46.43	27.63	57.28
F. solani	40.73	57.43	79.90	90.00	43.98	62.41
B. theobromae	43.98	67.20	77.33	90.00	52.20	66.14
T. Paradoxa	53.91	77.45	90.00	60.74	53.83	67.19
R. solani	53.97	90.00	60.81	53.83	47.15	61.15
Mean	48.97	76.01	75.50	65.69	41.65	61.56

L.S.D. at 0.05%

Temperature (T) 3.85 Fungi (F) 4.21 F X T 16.32

Tabela (8): Efeito de diferentes temperaturas na infeção de plântulas de tamareira com podridão radicular em estufa com fungos patogénicos.

Temperatures	Fungi	Disease severity %			Mean
		Zaghloul	Sammany	Hayany	
20	*F. oxysporum*	8.33	6.50	9.25	8.03
	F. momiliforme	6.33	5.33	8.67	6.78
	F. solani	7.92	6.25	7.58	7.25
	B. theobromae	11.58	9.83	10.75	10.72
	T. paradoxa	10.33	11.17	11.67	11.06
	R. solani	7.25	5.75	6.08	6.36
25	*F. oxysporum*	8.75	8.33	9.35	8.81
	F. momiliforme	8.33	8.50	8.92	8.58
	F. solani	9.25	7.91	8.75	8.64
	B. theobromae	12.17	10.75	11.50	11.47
	T. paradoxa	11.42	11.92	12.25	11.86
	R. solani	9.25	6.42	6.58	7.42
30	*F. oxysporum*	11.25	9.17	11.42	10.61
	F. momiliforme	9.75	9.25	9.42	9.47
	F. solani	9.83	8.83	9.75	9.47
	B. theobromae	13.58	11.50	12.25	12.44
	T. paradoxa	12.08	12.83	13.33	12.75
	R. solani	10.75	8.17	6.75	8.56
35	*F. oxysporum*	8.67	8.42	9.00	8.70
	F. momiliforme	8.50	8.83	8.92	8.75
	F. solani	8.58	6.88	8.75	8.07
	B. theobromae	10.83	9.00	10.25	10.03
	T. paradoxa	8.42	10.25	10.67	9.78
	R. solani	8.17	6.33	6.83	7.11
40	*F. oxysporum*	7.83	6.08	9.42	7.78
	F. momiliforme	8.17	6.33	7.25	7.25
	F. solani	5.83	5.92	6.75	6.17
	B. theobromae	8.33	5.83	6.25	6.80
	T. paradoxa	8.75	8.25	9.08	8.69
	R. solani	8.17	5.41	5.67	6.42
Mean		9.28	8.20	9.10	8.86

L. S. D. at 0.05%

Temperatures (T) =	0.31	T X F =	0.75
Fungi (F) =	0.33	T X V =	NS
Varieties (V) =	0.24	F X V =	0.53
		T X F X V =	NS

Tabela (9): Efeito da humidade relativa RH% no crescimento linear (mm) ***in vitro*** de fungos patogénicos causadores da podridão radicular da tamareira.

Fungi	R.H. %										Mean
	10	20	30	40	50	60	70	80	90	100	
F. oxysporum	16.03	22.63	27.27	37.03	48.30	90.00	85.43	57.06	45.00	32.50	46.13
F. moniliforme	13.80	18.03	28.20	41.17	61.20	85.13	90.00	64.37	55.47	42.20	49.96
F. solani	16.27	22.90	27.40	37.30	45.10	59.67	74.77	90.00	63.33	43.30	48.00
B. theobromae	16.73	22.60	28.37	31.73	47.27	85.20	90.00	81.40	63.60	52.80	51.97
T. Paradoxa	17.40	18.53	25.90	36.67	44.77	64.10	74.47	90.00	62.43	43.87	47.81
R. solani	15.23	25.27	39.00	43.07	56.83	68.73	90.00	74.23	55.90	31.20	49.95
Mean	15.91	21.66	29.36	37.83	50.58	75.47	84.11	76.18	57.62	40.98	48.97

L.S.D. at 0.05%

Relative humidity (RH) 1.48 Fungi (F) 1.15 RH X F 6.29

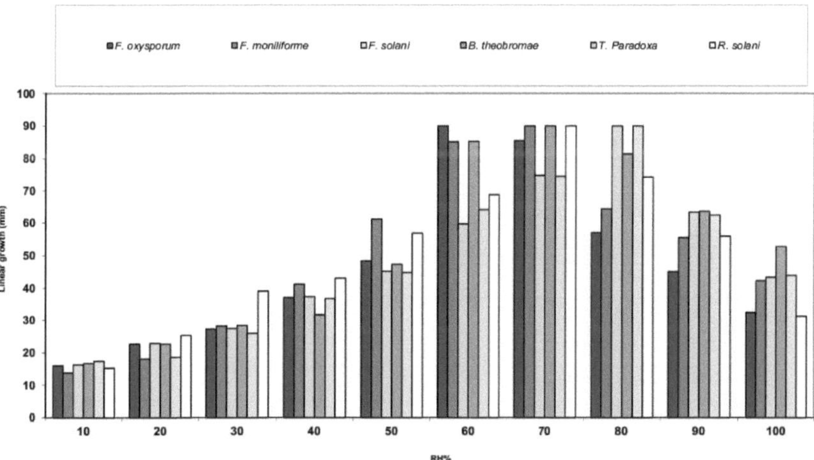

Fig. (5): Efeito da humidade relativa RH% no crescimento linear (mm) *in vitro* de fungos patogénicos que causam a podridão radicular da tamareira.

Tabela (10): Efeito de diferentes níveis de humidade relativa (RH%) na gravidade da doença em plântulas de tamareira com fungos patogénicos.

RH%	Fungos	Gravidade da doença %			Média
		Zaghloul	Sammany	Hayany	
10	***F. oxysporum***	0.00	0.00	0.00	0.00
	F. momiliforme	0.00	0.00	0.00	0.00
	F. solani	0.00	0.00	0.00	0.00
	B. theobromae	0.00	0.00	0.00	0.00
	T. paradoxa	0.00	0.00	0.00	0.00

	R. solani	0.00	0.00	0.00	0.00
20	***F. oxysporum***	2.92	3.17	2.83	2.97
	F. momiliforme	2.58	1.67	0.83	1.69
	F. solani	3.25	2.92	3.42	3.20
	B. theobromae	3.25	3.67	3.58	3.50
	T. paradoxa	3.92	3.25	3.67	3.61
	R. solani	3.00	2.75	3.08	2.94
30	***F. oxysporum***	6.25	3.75	3.33	4.44
	F. momiliforme	4.17	3.50	4.26	3.98
	F. solani	3.92	3.58	4.25	3.92
	B. theobromae	6.91	5.92	6.83	6.55
	T. paradoxa	5.75	5.83	6.75	6.11
	R. solani	5.50	5.75	6.17	5.81
40	***F. oxysporum***	11.42	9.08	12.17	10.89
	F. momiliforme	11.33	9.50	11.67	10.83
	F. solani	11.08	10.33	11.67	11.03
	B. theobromae	11.67	10.75	11.58	11.33
	T. paradoxa	11.33	10.50	11.92	11.25
	R. solani	9.17	8.33	7.92	8.47
50	***F. oxysporum***	20.75	18.25	20.75	19.92
	F. momiliforme	17.83	16.83	20.50	18.39
	F. solani	19.42	18.33	19.83	19.19
	B. theobromae	19.17	18.42	19.58	19.06
	T. paradoxa	21.83	20.75	19.92	20.83
	R. solani	14.42	13.08	14.33	13.94
60	***F. oxysporum***	21.17	18.92	21.67	20.59
	F. momiliforme	18.92	17.50	21.33	19.25
	F. solani	20.08	18.92	20.42	19.81
	B. theobromae	19.92	19.17	20.08	19.72
	T. paradoxa	22.25	21.58	20.50	21.44
	R. solani	14.42	13.75	15.08	14.42
70	***F. oxysporum***	20.17	17.75	20.25	19.39
	F. momiliforme	17.67	16.33	19.83	17.94
	F. solani	19.00	17.75	19.33	18.69
	B. theobromae	18.92	18.00	19.42	18.78
	T. paradoxa	20.83	20.33	19.67	20.28
	R. solani	13.50	12.67	14.17	13.45
80	***F. oxysporum***	15.75	15.17	15.25	15.39
	F. momiliforme	15.25	14.25	15.58	15.03
	F. solani	16.00	15.33	15.17	15.50

	B. theobromae	15.50	15.00	15.67	15.39
	T. paradoxa	16.25	15.75	15.08	15.69
	R. solani	8.42	8.67	9.92	9.00
90	*F. oxysporum*	8.25	8.00	7.67	7.97
	F. momiliforme	8.08	6.58	7.75	7.47
	F. solani	8.25	7.92	8.00	8.06
	B. theobromae	7.75	8.08	8.00	7.94
	T. paradoxa	8.00	7.58	7.42	7.67
	R. solani	6.25	5.08	5.42	5.58
100	*F. oxysporum*	2.33	2.25	1.58	2.05
	F. momiliforme	2.00	1.42	1.25	1.56
	F. solani	0.92	0.75	1.17	0.95
	B. theobromae	2.33	2.58	2.83	2.58
	T. paradoxa	3.50	2.58	2.83	2.97
	R. solani	2.25	2.50	2.83	2.53
Média		10.08	9.37	10.10	9.85

L. S. D. a 0,05%

Humidade relativa (HR)=	0.25	RH X F =	0.62
Fungos (F) =	0.20	RH X V =	0.44
Variedades (V) =	0.14	F X V =	0.34
		RH X F X V =	1.07

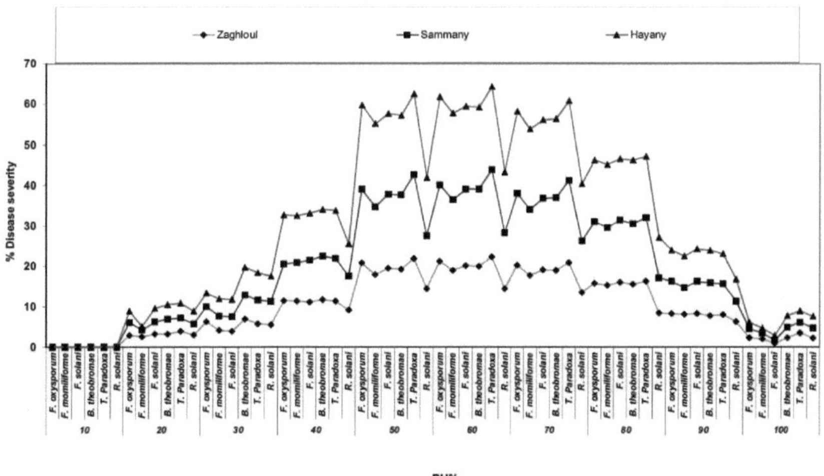

Fig. (6): Efeito de diferentes RH% na infeção de plântulas de tamareira com podridão radicular em estufa com fungos patogénicos.

Tabela (11): Previsão da gravidade da doença (DS%) com a temperatura (TEMP) e/ou a humidade relativa (RH%).

No.	Equation	Input	Output	R-squared	Residual	*P-Value*
Relationship between (DS%) with temperature (TEMP)						
1	Y= a + b* X	DS%&Air temp.	DS expected= 9.78981-0.306111*TEMP	4.222	4.284	0.0007
2	$Y=a_0+b_1X_1+b_2X^2$	DS%&Air temp.	DS expected= 5.7037 + 3.19627*TEMP-0.58373*TEMP^2	25.71	3.335	0.0000
Relationship between (DS%) with relative humidity (RH%)						
3	Y= a + b* X	DS%&RH%.	DS expected= 5.87562 + 0.722447*RH	8.357	47.4	0.0000
4	$Y=a_0+b_1X_1+b_2X^2$	DS%&RH%.	DS expected= -12.7212 + 10.0209*RH-0.845311*RH^2	81.58	9.545	0.0000
Relationship between DS Temp % and DS RH%.						
5	Y= a + b* X	DS temp% & DS rs%	DS expected= 14.4741 – 0.790409*DS temp	6.177	42.44	0.0000
6	$Y=a_0+b_1X_1+b_2X^2$	DS temp% & DS rs%	DS expected= 11.2134-0.0293579*DS-0.041987*DS temp^2	6.276	42.55	0.0002
7	Y= a + b* X	DS rs% & DS temp%	DS expected= 9.45467 – 0.0781537*DS RH	6.177	4.196	0.0000
8	$Y=a_0+b_1X_1+b_2X^2$	DS rs% & DS temp%	DS expected= 8.82827 + 0.188859*DSRH-0.0135819*DS RH^2	12.84	3.913	0.0000
Relationship between temperature degrees, different fungi and varieties on DS%						
9	$Y= a + b_1X_1 + b_2X_2 + b_3X_3$	Air temp & Fungi	DS expected= 9.56648 – 0.306111*TEMP + 0.0638095*FUNGI	4.489	4.288	0.0022
10	$Y= a + b_1X_1 + b_2X_2 + b_3X_3$	Air temp & Var.	DS expected= 10.0004 – 0.306111*TEMP – 0.105278*VAR	4.388	4.292	0.0025
11	$Y= a + b_1X_1 + b_2X_2 + b_3X_3$	Air temp, Fungi & Var.	DS expected= 9.77704 – 0.306111*TEMP + 0.0638095*FUNGI – 0.105278*VAR	4.656	4.296	0.0053
Relationship between relative humidity, different fungi and varieties on DS%						
12	$Y= a + b_1X_1 + b_2X_2 + b_3X_3$	RH% & Fungi	DS expected= 6.79228 + 0.722447*RH – 0.261905*FUNGIRH	8.745	47.28	0.0000
13	$Y= a + b_1X_1 + b_2X_2 + b_3X_3$	RH% & Var.	DS expected= 5.85478 + 0.722447*RH + 0.0104167*VARRH	8.357	47.48	0.0000

14	$Y = a + b_1X_1 + b_2X_2 + b_3X_3$	RH%, Fungi & Var.	DS expected= 6.77145 + 0.722447*RH – 0.261905*FUNGIRH + 0.0104167*VARRH	8.745	47.37	0.0000
Relationship between air temperature, relative humidity, soil temperature, months, governorates, pathogenic fungi, varieties and their interaction on DS%						
15	$Y = a + b_1X_1 + b_2X_2 + b_3X_3$	RH%, Soil temp., Month & Gov.	AIR TEMP = 5.86947 – 0.123696*RH + 0.854318*SOIL TEMP + 0.225732*MONTH + 0.0379541*GOV	69.88	15.5	0.0000
16	$Y = a + b_1X_1 + b_2X_2 + b_3X_3$	Air temp., Soil temp, Month & Gov.	RH = 66.7306 – 0.877929*AIR TEMP + 0.404162*SOIL TEMP + 0.861163*MONTH – 4.47857*GOV	27.54	110	0.0012

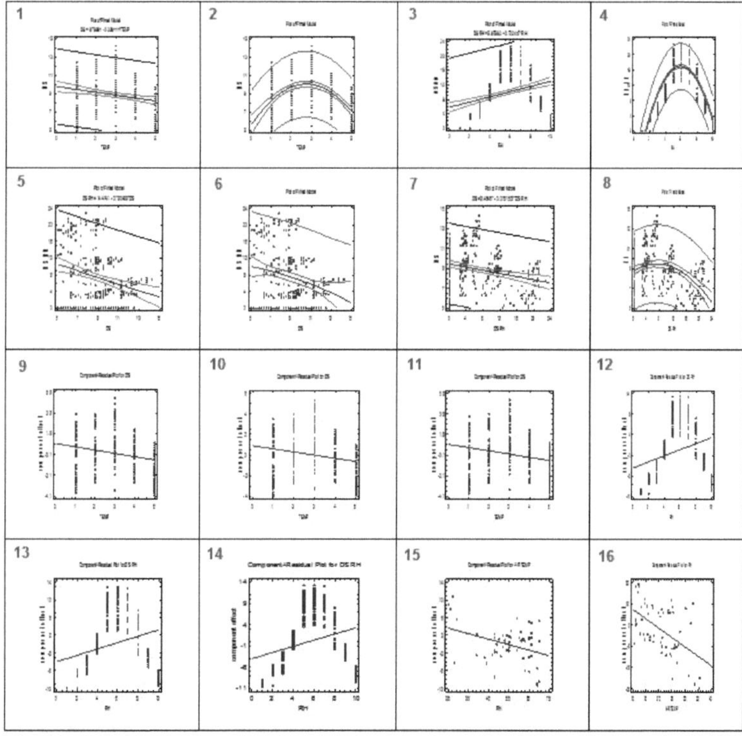

Fig. (7): Equações (1-16) da relação entre as condições ambientais, os fungos patogénicos, as cultivares e a sua interação na doença da podridão radicular da tamareira.

Ambos os modelos foram utilizados para estudar a relação entre os graus de temperatura e/ou humidade relativa e o seu efeito na severidade das doenças da podridão radicular da tamareira.

O modelo de regressão múltipla obteve a menor percentagem de previsão da severidade esperada da doença (r^2= 4,48, 4,38 e 4,65 respetivamente) na equação nº (9, 10 e 11 respetivamente), enquanto que obteve a maior percentagem de previsão da severidade esperada da doença (r^2= 8.74, 8,35 e 8,74, respetivamente) na equação nº (12, 13 e 14, respetivamente), quando utilizada para estudar a relação entre os graus de temperatura e/ou humidade relativa, os fungos patogénicos e as cultivares e o seu efeito na severidade das doenças da podridão radicular da tamareira.

A equação (15) mostra que a relação entre a temperatura do ar, a RH%, a temperatura do solo, nos diferentes meses e províncias estudadas, obteve a maior percentagem de previsão da temperatura do ar (r^2= 69,88), enquanto a equação (16) obteve a menor percentagem de previsão da RH% (r^2= 27,54).

Equações finais:

A partir da equação (15), o valor da compensação pela temperatura do ar na equação N0. (11) é o seguinte

DS% temp esperada = 9,77704 - 0,306111*(5,86947 - 0,123696*RH + 0,854318*SOIL TEMP + 0,225732*MONTH + 0,0379541*GOV) + 0,0638095*FUNGI - 0,105278*VAR

A partir da equação (16), o valor da compensação por humidade relativa na equação N0. (14) é o seguinte

DS% RH esperada = 6,77145 + 0,722447*(66,7306 - 0,877929*Temperatura do ar

+ 0,404162*Temperatura do solo + 0,861163*Mês - 4,47857*GOV) - 0,261905*FUNGIRH + 0,0104167*VARRH

While Months= (1 Jan-12 Dez.), Gov., 1=Giza, 2=Behaira, 3= Aswan, Fungi, 1=F.o., 2=F.m, 3=F.s., 4=B.t., 5=T.p., 6=R.s., Vars. 1= Zaghloul, 2= Sammany, 3= Hayany

6. Efeito da salinidade do solo e da água na incidência de podridão radicular em variedades de tamareiras

6.1. Efeito da salinidade do solo (EC_e) e dos fungos patogénicos na germinação de diferentes variedades de sementes de tamareira

Foram estudados três tipos de solos, diferentes em salinidade, para avaliar o efeito da salinidade do solo e a incidência de doenças em diferentes cultivares de sementes de tamareira. Os dados do quadro (12) ilustram que a salinidade do solo em diferentes níveis não afectou significativamente a germinação das sementes de tamareira var. Zaghloul. Por outro lado, *F. oxysporum* foi o mais eficaz (32,12% de germinação de sementes) em todos os tipos de solo, seguido de *F. solani* e *F. moniliforme* (38,89 e 42,22%, respetivamente). Por outro lado, *T. paradoxa, B. theobromae* e *R. solani* (54,44, 55,56 e 61,11%, respetivamente) foram os menos eficazes na germinação de sementes de tamareira em comparação com o controlo (66,67%).

Os dados da Tabela (13) mostram que a salinidade do solo em diferentes níveis não afetou significativamente a germinação das sementes da var. Sammany. Por outro lado, *F. oxysporum* foi o mais eficaz (25,55% de germinação de sementes) em todos os tipos de solo, seguido por *F. solani F. moniliforme* (31,11 e 40,00%). Enquanto que *T. paradoxa, B. theobromae* e *R. solani* (44,44, 48,89 e 53,33% respetivamente) foram os menos eficazes na germinação de sementes de tamareira em comparação com o controlo (64,54%).

Os dados da Tabela (14) ilustram que a salinidade do solo em diferentes níveis não afetou significativamente a germinação das sementes da var. Hayany. Por outro lado, *F. oxysporum* foi o mais eficaz (25,56% de germinação de sementes) em todos os tipos de solo, seguido de *F. solani F. moniliforme* (31,11 e 35,56%, respetivamente). Por outro lado, *T. paradoxa, B. theobromae* e *R. solani* (44,44, 51,11 e 53,33%, respetivamente) foram os menos eficazes na germinação de sementes de tamareira em comparação com o controlo (63,33%).

6.2. Efeito da salinidade no crescimento micelial linear de fungos patogénicos *in vitro,* causadores da podridão radicular da tamareira.

Os dados da Tabela (15) mostram que a redução do crescimento micelial não foi detectada nos valores de CE (Condutividade Eléctrica), 1,40 e 3,13 ds/m^2 respetivamente, enquanto o valor de CE 15,63 ds/m^2 variou (14,32% de redução do crescimento), seguido do valor de CE 12,50 ds/m^2 (10,74% de redução do crescimento), valor de CE 9,38 ds/m^2 (7,99% de redução) e valor de CE 6,25 ds/m^2 (3,12% de redução). Por outro lado, *F.* solani *e B. theobromae* foram os mais afectados pela salinidade (8,95 e 8,09% de redução do crescimento, respetivamente), seguidos de *F. oxysporum* e *F. moniliforme* (6,48 e 5,86% de redução do crescimento, respetivamente), moderadamente afectados pela salinidade, enquanto *T. paradoxa* e *R. soalni* foram os menos afectados pela salinidade (3,52 e 3,27% de redução do crescimento, respetivamente).

6.3. Efeito dos níveis de salinidade da água (EC_w) na incidência da doença da

podridão radicular em diferentes texturas de solo (areia, argila e argila arenosa) e variedades de plântulas de tamareira (Zaghloul, Sammany e Hayany) em estufa

O principal objetivo destas experiências é estudar a interação entre a salinidade do solo e da água na severidade da doença em plântulas de cultivares de tamareira, a fim de avaliar a eficácia da salinidade e das cultivares susceptíveis em estufa.

Os dados do Quadro (16) mostram que, em condições de solo arenoso com diferentes níveis de salinidade da água, a gravidade da doença da podridão radicular das plântulas de tamareira aumentou gradualmente com o aumento do nível de salinidade. O nível mais baixo de salinidade da água EC_w com valor de 1,4 ds/m^2 variou (1,27% de severidade), EC com valor de 6,9 ds/m^2 (9,23% de severidade), EC com valor de 12,9 $^{ds/m(2)}$ (12,33% de severidade), EC com valor de 18,4 ds/m^2 (15,98% de severidade), enquanto EC com valor de 26,5 ds/m^2 (19,41% de severidade) para todas as cultivares. Por outro lado, as cultivares Hayany e Zaghloul obtiveram resultados (12,36 e 12,19% de severidade, respetivamente), seguidas pela cultivar Sammany (10,38% de severidade). *F. oxysporum* e *T. paradoxa* foram as variedades de maior virulência (19,64 e 14,17% de severidade, respetivamente), enquanto *F. solani* e *B. theobromae* (9,99 e 9,26% de severidade, respetivamente) foram as de virulência moderada. Por outro lado, *F. moniliforme* e *R.* solani *foram* os menos virulentos sob níveis de salinidade (8,57 e 8,28% de severidade, respetivamente).

Os dados do quadro (17) indicam que, em condições de solo argiloso com diferentes níveis de salinidade da água, a var. Hayany foi a mais suscetível (11,93% de severidade), seguida da var. Sammany, que foi a moderadamente suscetível (10,69% de severidade), enquanto a var. Zaghloul foi a menos suscetível (10,16% de severidade). O nível elevado de salinidade da água, com um valor de CE de 26,5 ds/m^2, foi o mais afetado pela incidência da doença (17,51% de severidade), seguido do valor de CE de 18,4 ds/m^2 (15,06% de severidade), do valor de CE de 12,9 ds/m^2 (12,11% de severidade), do valor de CE de 6,9 ds/m^2 (8,75% de severidade), enquanto o valor de CE de 1,4 ds/m^2 (1,20% de severidade). Por outro lado, *F. oxysporum* foi a espécie mais virulenta (14,67% de severidade), seguida por *T. paradoxa* e *F. moniliforme* (11,81 e 11,78% de severidade, respetivamente). Por outro lado, *B. theobromae* e *F. solani* foram os mais virulentos (10,78 e 10,43% de severidade, respetivamente). *R. solani* foi o menos virulento (6,05% de severidade)

Os dados do Quadro (18) ilustram que, em condições de argila arenosa, não há diferenças significativas entre todas as cultivares de plântulas de tamareira tratadas com salinidade da água. Por outro lado, *F. oxysporum* e *F. moniliforme* foram os mais virulentos (9,56 e 9,36% de severidade, respetivamente), seguidos por *T. paradoxa* (8,39% de severidade), *B. theobromae* (7,92% de severidade), *F. solani* (7,66% de severidade) e *R. solani* (4,33% de severidade). Por outro lado, o nível elevado de salinidade da água variou entre o valor de CE de 26,5 ds/m^2 (13,29% de severidade), o valor de CE de 18,4 ds/m^2 (11,27% de severidade), o valor de CE de 12,9 ds/m^2 (8,40% de severidade), o valor de CE de 6,9 ds/m^2 (5,69% de severidade) e o valor de CE de 1,4 ds/m^2 (0,74% de severidade).

Em geral, o aumento da salinidade da água resultou num aumento da severidade da doença da podridão radicular das mudas de tamareira causada por fungos patogénicos transmitidos pelo solo em todas as concentrações de soluto.

Tabela: (12): Efeito de diferentes texturas de solo de salinidade na germinação e incidência de podridão radicular de sementes de tamareira cv. zaghloul após três meses.

Soil texture	Ec_e ds/m[2]	% Germination							Mean
		Control	*F.o.*	*F.s.*	*F.m.*	*T. p.*	*B. t.*	*R. s.*	
Clay	3.20	76.67	33.33	40.00	43.33	53.33	56.67	66.67	52.86
Sand	5.50	60.00	36.37	43.33	46.67	53.33	56.67	60.00	50.91
Sandy clay	3.50	63.33	26.67	33.33	36.67	56.67	53.33	56.67	46.67
Mean		66.67	32.12	38.89	42.22	54.44	55.56	61.11	50.14

L. S. D. at 0.05%

Soil texture (T) NS Fungi (F) 5.87 T * F NS

Tabela (13): Efeito de diferentes texturas de solo de salinidade na germinação e incidência de podridão radicular de sementes de tamareira cv. sammany após três meses.

Soil texture	Ec_e ds/m[2]	% Germination							Mean
		Control	*F.o.*	*F.s.*	*F.m.*	*T. p.*	*B. t.*	*R. s.*	
Clay	3.20	66.67	23.33	33.33	46.67	43.33	50.00	53.33	45.24
Sand	5.50	56.67	30.00	33.33	40.00	46.67	53.33	53.33	44.76
Sandy clay	3.50	70.00	23.33	26.67	33.33	43.33	43.33	53.33	41.90
Mean		64.45	25.55	31.11	40.00	44.44	48.89	53.33	43.97

L. S. D. at 0.05%

Soil texture (T) NS Fungi (F) 6.78 T * F NS

Tabela (14): Efeito da salinidade de diferentes texturas de solo na germinação e incidência de podridão radicular de cv. hayany de sementes de tamareira após três meses.

Soil texture	Ec_e ds/m[2]	% Germination							Mean
		Control	*F.o.*	*F.s.*	*F.m.*	*T. p.*	*B. t.*	*R. s.*	
Clay	3.20	66.67	23.33	26.67	33.33	43.33	53.33	53.33	42.86
Sand	5.50	63.33	26.67	33.33	36.67	43.33	46.67	53.33	43.33
Sandy clay	3.50	60.00	26.67	33.33	36.67	46.67	53.33	53.33	44.29
Mean		63.33	25.56	31.11	35.56	44.44	51.11	53.33	43.49

L. S. D. at 0.05%

Soil type (T) NS Fungi (F) 5.75 T * F NS

Tabela (15): Efeito da salinidade no crescimento micelial de fungos patogénicos *in vitro* que causam a podridão radicular da tamareira.

Fungos	%Redução do crescimento micelial						Média
	Salinidade CE_w (ds/m^2)						
	1.40	3.13	6.25	9.38	12.50	15.63	
F. oxysporum	0.00	0.00	4.26	10.56	10.74	13.33	6.48
F. solani	0.00	0.00	7.41	11.85	16.30	18.15	8.95
F. moniliforme	0.00	0.00	0.00	8.52	11.85	14.81	5.86
T. paradoxa	0.00	0.00	0.00	4.07	6.67	10.37	3.52
B. theobromae	0.00	0.00	7.04	9.63	14.44	17.41	8.09
R. solani	0.00	0.00	0.00	3.33	4.44	11.85	3.27
Média	0.00	0.00	3.12	7.99	10.74	14.32	6.03

Tabela (16): Efeito da salinidade da água na severidade da doença da podridão radicular (em solo arenoso) e em diferentes variedades de plântulas de tamareira na estufa após um mês.

Fungi	% Disease severity															Mean
	Zaghloul					Sammany					Hayany					
	Salinity EC_w (ds/m^2)															
	1.4	6.9	12.9	18.4	26.5	1.4	6.9	12.9	18.4	26.5	1.4	6.9	12.9	18.4	26.5	
F. o.	0.00	17.92	20.42	39.58	61.25	10.83	11.67	14.67	16.62	18.33	12.08	14.58	16.67	18.75	21.17	19.64
F. s.	0.00	6.25	8.75	12.08	13.42	0.00	7.92	12.08	13.58	17.06	0.00	9.50	14.58	16.67	17.92	9.99
F. m.	0.00	6.25	9.58	12.08	14.17	0.00	7.08	9.17	11.25	11.67	0.00	8.75	12.08	12.58	13.83	8.57
T. p.	0.00	11.25	15.83	19.17	22.00	0.00	11.67	15.00	19.58	22.42	0.00	14.58	17.50	20.00	23.58	14.17
B. t.	0.00	5.83	7.92	11.67	14.17	0.00	6.25	8.75	13.42	15.42	0.00	7.92	11.67	15.42	20.42	9.26
R. s.	0.00	5.83	8.33	10.42	11.67	0.00	5.42	7.42	10.83	13.75	0.00	7.50	12.08	13.92	17.08	8.28
Mean	0.00	8.89	11.81	17.50	22.78	1.81	8.34	11.18	14.21	16.44	2.01	10.47	14.10	16.22	19.00	11.65

L. S. D. at 0.05%

Water Salinity (WS)	0.55	WS * V	1.11	WS * V * F	2.31
Varieties (V)	0.43	WS * F	1.34		
Fungi (F)	0.6	V * F	1.03		

Tabela (17): Efeito da salinidade da água na gravidade da doença da podridão radicular (em solo argiloso) e em diferentes variedades de plântulas de tamareira na estufa após um mês.

Fungi	% Disease severity															Mean
	Zaghloul					Sammany					Hayany					
	Salinity EC_w (ds/m²)															
	1.4	6.9	12.9	18.4	26.5	1.4	6.9	12.9	18.4	26.5	1.4	6.9	12.9	18.4	26.5	
F. o.	4.58	10.00	16.25	18.33	20.83	8.33	11.67	13.33	18.75	20.00	8.75	11.25	15.42	20.00	22.50	14.67
F. s.	0.00	3.25	5.42	7.92	11.67	0.00	10.42	12.17	17.50	20.00	0.00	12.08	16.58	18.25	21.25	10.43
F. m.	0.00	11.25	14.17	16.58	17.75	0.00	9.58	13.67	16.17	18.33	0.00	10.92	13.75	15.83	18.75	11.78
T. p.	0.00	12.50	17.50	19.17	21.25	0.00	8.75	12.58	13.75	17.92	0.00	7.08	12.50	15.83	18.33	11.81
B. t.	0.00	8.33	11.25	13.75	16.25	0.00	8.75	11.25	12.92	15.00	0.00	11.25	13.42	17.42	22.08	10.78
R. s.	0.00	3.33	5.42	8.33	9.58	0.00	3.75	6.25	8.75	11.25	0.00	3.33	7.08	11.25	12.50	6.05
Mean	0.76	8.11	11.67	14.01	16.22	1.39	8.82	11.54	14.64	17.08	1.46	9.32	13.13	16.43	19.24	10.92

L. S. D. at 0.05%

Water Salinity (WS)	0.47	WS * V	NS	WS * V * F	2.01
Varieties (V)	0.37	WS * F	1.16		
Fungi (F)	0.52	V * F	0.90		

Tabela (18): Efeito da salinidade da água na severidade da doença da podridão radicular (em solo argilo-arenoso) e diferentes variedades de plântulas de tamareira na estufa após um mês.

Fungi	% Disease severity															Mean
	Zaghloul					Sammany					Hayany					
	Salinity EC_w (ds/m²)															
	1.4	6.9	12.9	18.4	26.5	1.4	6.9	12.9	18.4	26.5	1.4	6.9	12.9	18.4	26.5	
F. o.	2.92	6.25	9.58	12.50	13.75	4.17	6.25	9.58	12.50	12.92	6.25	8.75	11.25	12.92	13.75	9.56
F. s.	0.00	3.33	6.25	8.75	12.08	0.00	7.08	8.58	12.50	15.42	0.00	6.25	8.75	11.67	14.17	7.66
F. m.	0.00	7.08	11.67	14.17	15.00	0.00	7.50	11.25	15.00	16.25	0.00	5.83	8.75	12.92	15.00	9.36
T. p.	0.00	7.50	9.17	12.50	15.00	0.00	5.42	8.75	12.08	15.42	0.00	3.33	8.75	12.50	15.42	8.39
B. t.	0.00	6.25	7.50	11.25	13.75	0.00	6.25	7.92	10.00	12.50	0.00	6.25	10.00	12.50	14.58	7.92
R. s.	0.00	3.33	3.75	6.25	7.50	0.00	2.92	5.42	7.92	9.17	0.00	2.92	3.33	5.00	7.50	4.33
Mean	0.49	5.62	7.99	10.90	12.85	0.70	5.90	8.58	11.67	13.61	1.04	5.56	8.47	11.25	13.40	7.87

L. S. D. at 0.05%

Water Salinity (WS)	0.44	WS * V	NS	WS * V * F	NS
Varieties (V)	NS	WS * F	1.07		
Fungi (F)	0.48	V * F	0.83		

7. Estudos de controlo biológico (agentes abióticos)

7.1. Extractos de plantas: Atividade antifúngica dos extractos de plantas na inibição do crescimento micelial dos fungos patogénicos *in vitro*

A avaliação dos extractos aquosos de plantas (água fria) na incidência da doença da podridão radicular foi realizada em condições *in vitro*.

Os dados apresentados na Tabela (19) e na Fig. (8) mostram que o aumento da concentração de todos os extractos de plantas diminuiu o crescimento linear micelial dos fungos patogénicos testados. A manjerona e o manjericão foram os extractos de plantas mais eficazes contra todos os fungos patogénicos transmitidos pelo solo (17,20 e 16,99% de redução do crescimento linear micelial, respetivamente), enquanto a hortelã-pimenta e a hortelã-espinhosa foram os extractos de plantas menos eficazes contra todos os fungos patogénicos transmitidos pelo solo (12,84 e 4,61%, respetivamente). Por outro lado, a concentração 100% do extrato da planta foi a mais eficaz contra fungos patogénicos testados (26,62%), conc. 75% (20,20%), conc. 50% (11,94%) e conc. 25% (5,77%) em comparação com o tratamento de controlo (0% de redução). Por outro lado, *R. solani, F. oxysporum* e *F. moniliforme* foram os mais afectados pelos extractos vegetais (14,70, 14,65 e 13,85% respetivamente), seguidos de *T. paradoxa* (13,11%), enquanto que *F. solani* e *B. theobromae* foram os menos afectados pelos extractos vegetais (11,35 e 9,78% respetivamente). De acordo com a classificação dos extractos de plantas quanto aos seus efeitos inibitórios, utilizando a escala para determinar a eficácia%, o manjericão, a manjerona e a hortelã-pimenta foram moderadamente eficazes (++) contra os fungos patogénicos a 75 e 100%, respetivamente, enquanto a hortelã-salva foi ligeiramente eficaz (+) em todas as concentrações.

A avaliação dos extractos aquosos de plantas (água quente) em fungos patogénicos foi realizada em condições *in vitro*. Os dados da Tabela (20) e da Fig. (9) mostram que o extrato de manjerona foi o mais eficaz contra os fungos patogénicos do solo (13,18% de redução do crescimento), seguido do manjericão e da hortelã-pimenta (11,83 e 10,04%, respetivamente), enquanto a hortelã foi o menos eficaz contra os fungos patogénicos (3,70%). Por outro lado, a concentração elevada foi a mais eficaz contra os fungos patogénicos, ou seja, a concentração de 100% (20,45%), seguida das concentrações de 75, 50 e 25% (15,19, 8,83 e 4,03%, respetivamente) em comparação com a concentração de controlo (0%). Por outro lado, *R. solani* foi o fungo mais afetado pelo tratamento com extractos de plantas, com uma variação de 12,39%, seguido de *F. oxysporum* (11,08%), *T. paradoxa* (10,26%) e *F. moniliforme* (8,74%). Enquanto *B. theobromae* e *F.* solani foram os últimos afectados pelos extractos de plantas (7,85 e 7,82% respetivamente). A manjerona foi moderadamente eficaz contra os fungos patogénicos do solo (%Eficácia ++) a uma concentração elevada (100%).

Tabela (19): Efeito de alguns extractos de plantas aquosos (água fria) no crescimento linear de fungos patogénicos ***in vitro.***

Extractos de plantas	Conc.%	% Redução do crescimento linear micelial						Média	Eficácia%
		F. oxysporum	***F. moniliforme***	***F. solani***	***B. theobromae***	***T. paradoxa***	***R. solani***		
Manjericão	0.00	0.00	0.00	0.00	0.00	0.00	0.00	0.00	-
	25.00	14.44	10.74	3.70	5.19	10.74	14.07	9.81	+
	50.00	27.78	16.67	9.26	7.78	16.30	20.74	16.42	+
	75.00	37.41	27.04	20.37	14.07	28.52	24.07	25.25	++
	100.00	46.30	32.59	25.19	18.89	40.00	37.78	33.46	++
Manjerona	0.00	0.00	0.00	0.00	0.00	0.00	0.00	0.00	-
	25.00	9.63	9.26	8.89	8.89	7.04	8.52	8.71	+
	50.00	11.48	20.37	18.89	11.11	17.42	18.89	16.36	+

	75.00	27.79	28.89	29.63	27.78	29.26	21.48	27.47	++
	100.00	40.00	32.96	35.93	33.33	31.48	27.04	33.46	++
Hortelã-pimenta	0.00	0.00	0.00	0.00	0.00	0.00	0.00	0.00	-
	25.00	3.33	5.93	2.96	0.00	2.96	12.22	4.57	+
	50.00	6.67	17.41	13.33	8.52	14.07	19.26	13.21	+
	75.00	17.41	24.07	20.37	17.78	20.37	23.33	20.56	++
	100.00	28.15	23.33	28.15	19.63	29.26	26.67	25.87	++
Hortelã	0.00	0.00	0.00	0.00	0.00	0.00	0.00	0.00	-
	25.00	0.00	0.00	0.00	0.00	0.00	0.00	0.00	-
	50.00	2.59	3.70	0.00	0.00	0.00	4.45	1.79	+
	75.00	7.78	7.78	2.96	5.93	5.19	15.56	7.53	+
	100.00	12.22	16.30	7.41	16.67	9.63	20.00	13.71	+
Média		14.65	13.85	11.35	9.78	13.11	14.70	12.91	

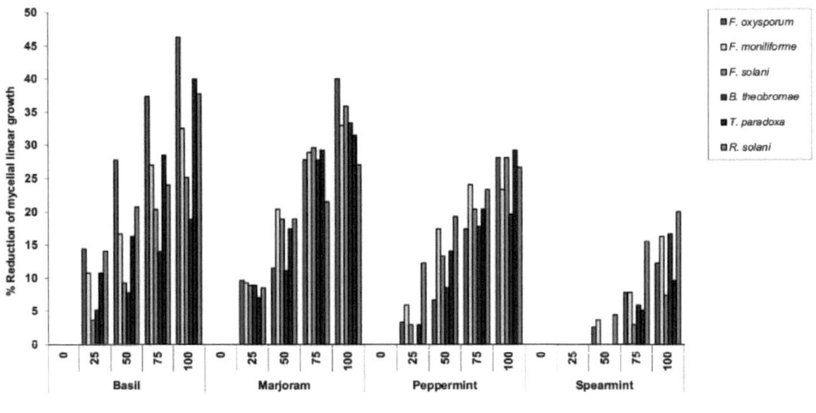

Fig. (8) Efeito de alguns extractos de plantas aquosos (água fria) no crescimento linear de fungos patogénicos *in vitro*

Tabela (20): Efeito de alguns extractos de plantas aquosos (água quente) no crescimento linear de fungos patogénicos ***in vitro***

Extractos de plantas	Conc.%	% Redução do crescimento linear micelial						Média	Eficácia%
		F. oxysporum	***F. moniliforme***	***F. solani***	***B. theobromae***	***T. paradoxa***	***R. solani***		
Manjericão	0.00	0.00	0.00	0.00	0.00	0.00	0.00	0.00	-
	25.00	10.37	4.44	2.22	2.22	8.15	10.37	6.30	+
	50.00	14.81	8.89	3.70	4.44	14.07	16.67	10.43	+
	75.00	25.19	13.70	14.81	12.22	22.59	20.00	18.09	+
	100.00	30.00	17.04	24.24	13.33	27.78	33.70	24.35	+
Manjerona	0.00	0.00	0.00	0.00	0.00	0.00	0.00	0.00	-

	25.00	8.15	5.56	7.04	7.41	4.81	7.04	6.67	+
	50.00	11.11	13.70	12.96	9.26	14.44	16.30	12.96	+
	75.00	25.19	17.41	14.44	19.63	24.07	17.41	19.69	+
	100.00	36.67	20.74	21.85	30.33	25.19	24.81	26.60	++
Hortelã-pimenta	0.00	0.00	0.00	0.00	0.00	0.00	0.00	0.00	-
	25.00	1.85	2.97	2.22	0.00	2.22	9.63	3.15	+
	50.00	3.07	13.70	11.48	6.30	12.59	15.19	10.39	+
	75.00	11.11	19.26	14.81	16.30	17.78	21.11	16.73	+
	100.00	18.15	20.37	20.00	18.15	19.63	23.33	19.94	+
Hortelã	0.00	0.00	0.00	0.00	0.00	0.00	0.00	0.00	-
	25.00	0.00	0.00	0.00	0.00	0.00	0.00	0.00	-
	50.00	2.96	3.33	0.00	0.00	0.00	2.22	1.42	-
	75.00	8.89	4.44	2.22	4.81	3.70	13.33	6.23	+
	100.00	14.07	9.26	4.44	12.59	8.15	16.67	10.86	+
Média		11.08	8.74	7.82	7.85	10.26	12.39	9.69	

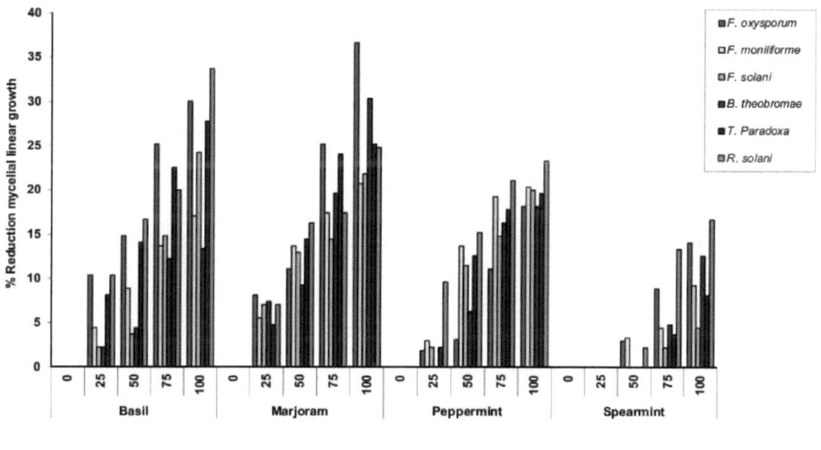

Fig. (9) Efeito de alguns extractos de plantas aquosos (água quente) no crescimento linear de fungos patogénicos *in vitro*

7.2. Óleos essenciais: Efeito do óleo essencial na inibição do crescimento micelial *in vitro*

Foram avaliadas diferentes concentrações, isto é, 25, 50, 75 e 100 ppm de três óleos essenciais de plantas, a *saber*, alho, cebola e cravinho, para determinar a sua eficácia na supressão do crescimento dos fungos patogénicos do solo. Os dados da Tabela (21) e da Fig. (10) mostram que todos os óleos essenciais de plantas testados reduziram significativamente o crescimento linear micelial dos fungos patogénicos testados em comparação com o controlo. O crescimento dos fungos diminuiu com o aumento da concentração dos óleos essenciais de plantas. A concentração mais eficaz foi de 500 ppm (60,58% de redução do crescimento), seguida de 100 ppm (44,01%). Enquanto que 50 ppm (30,78%). Por outro lado, 25 ppm foi a concentração menos eficaz no crescimento dos fungos (18,81%) em comparação com o controlo. O óleo essencial de alho foi o mais eficaz contra o crescimento de fungos patogénicos (36,02%), seguido do óleo de cravinho (32,38%), enquanto o óleo de cebola teve um efeito fraco contra o crescimento (24,36%). *F. oxysporum* foi o fungo mais afetado pelos óleos essenciais (34,83%), seguido por *R. soalni* (33,78%), *T. paradoxa* (30,69%), *B. theobromae* (29,28%) e *F. moniliforme* (28,86%). Enquanto o último afetado pelos óleos essenciais foi *F. solani* (28,04%). O óleo de alho foi o mais eficaz no crescimento a uma concentração de 500 ppm (75,99%), seguido do cravinho (59,07%), enquanto o menos eficaz foi a cebola (46,67%) à mesma concentração. De acordo com a classificação dos óleos essenciais quanto aos seus efeitos inibitórios utilizando a escala, para determinar a eficácia%, o alho foi eficaz contra o crescimento de fungos patogénicos a 100 e 500 ppm (+++ e +++), enquanto o cravinho foi moderadamente eficaz a 500 ppm (++) e o último eficaz foi a cebola a 500 ppm (++) moderadamente eficaz.

7.3. Óleos fixos: Impacto do óleo fixo no crescimento do micélio *in vitro*

Os óleos fixos de plantas, *nomeadamente* de jojoba, rúcula e sésamo, em diferentes concentrações, foram avaliados quanto à sua eficácia na supressão do crescimento micelial dos fungos patogénicos do solo testados.

Os dados da Tabela (22) e da Fig. (11) mostram que a Jojoba foi a mais eficaz contra o crescimento linear micelial dos fungos patogénicos (35,99% de redução do crescimento), seguida da Rúcula (21,06%), enquanto que a menos eficaz no crescimento foi o Sésamo (9,44%). Por outro lado, todas as concentrações reduziram significativamente o crescimento de fungos patogénicos, conc. 500 ppm variou (45,76%) seguido de conc. 100 ppm (31,26%), conc. 50 ppm (20,56%) e conc. 25 ppm (13,27%) em comparação com o controlo. Por outro lado, *R. solani* foi o mais afetado pelos óleos fixos (28,27%), seguido por *B. theobromae* (25,36%), *F. moniliforme* (23,77%), *T. paradoxa* (19,01%), *F. oxysporum* (18,44%) e *F. solani* (18,12%).

Tabela (21): Efeito de alguns óleos essenciais no crescimento linear de fungos patogénicos ***in vitro***

Óleos essenciais	Cone, ppm	% Redução do crescimento linear micelial						Média	Eficácia%
		F. oxysporum	***F. moniliforme***	***F. solani***	***B. theobromae***	***T. paradoxa***	***R. solani***		
Alho	0.00	0.00	0.00	0.00	0.00	0.00	0.00	0.00	-
	25.00	25.56	22.22	2.97	19.63	21.85	26.67	19.82	+
	50.00	31.11	30.75	21.07	36.30	41.48	41.85	33.76	++
	100.00	54.93	50.74	31.48	50.00	52.22	63.70	50.51	+++
	500.00	79.26	71.11	46.30	81.11	88.15	90.00	75.99	+++
Cebola	0.00	0.00	0.00	0.00	0.00	0.00	0.00	0.00	-
	25.00	14.81	13.33	16.67	10.74	14.81	14.14	14.08	+
	50.00	24.81	28.89	27.28	24.44	19.63	27.78	25.47	++
	100.00	35.56	29.26	38.15	36.67	36.67	37.04	35.56	++
	500.00	44.07	37.04	51.11	47.41	49.26	51.11	46.67	++
Cravo	0.00	0.00	0.00	0.00	0.00	0.00	0.00	0.00	-
	25.00	29.63	19.26	31.85	14.81	18.89	20.37	22.47	++
	50.00	42.41	27.41	39.26	28.52	27.78	31.85	32.87	++
	100.00	56.67	48.89	53.33	40.00	38.89	47.04	47.47	++
	500.00	83.70	54.07	61.11	49.63	50.74	55.19	59.07	+++
Média		34.83	28.86	28.04	29.28	30.69	33.78	30.92	

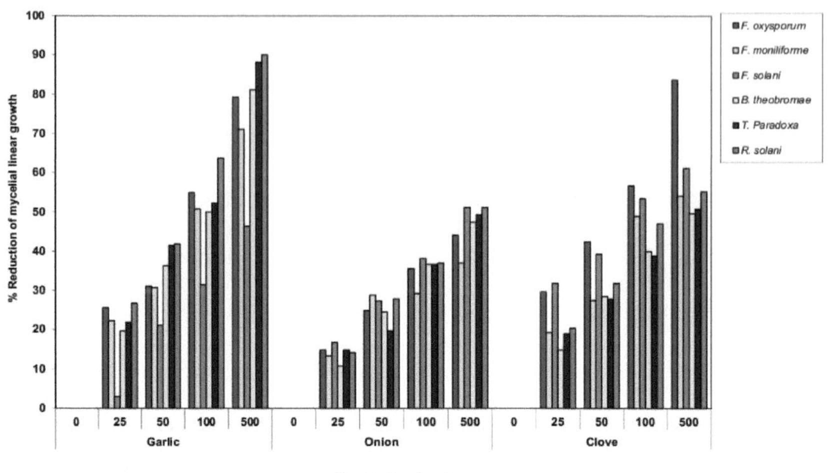

Fig. (10) Efeito de alguns óleos essenciais no crescimento linear de fungos patogénicos *in vitro.*

Tabela (22): Efeito de alguns óleos fixos no crescimento linear de fungos patogénicos ***in vitro***

Óleos fixos	Cone, ppm	% Redução do crescimento linear micelial						Média	Eficácia%
		F. oxysporum	***F. moniliforme***	***F. solani***	***B. theobromae***	***T. paradoxa***	***R. solani***		
Jojoba	0.00	0.00	0.00	0.00	0.00	0.00	0.00	0.00	-
	25.00	21.48	19.26	15.56	30.37	19.26	24.81	21.79	++
	50.00	27.41	32.59	26.67	42.22	27.78	36.30	32.16	++
	100.00	52.96	61.85	38.15	56.67	35.93	58.89	50.74	+++
	500.00	84.81	86.30	56.67	90.37	52.96	80.37	75.25	+++
Foguetão	0.00	0.00	0.00	0.00	0.00	0.00	0.00	0.00	-
	25.00	2.97	14.81	15.93	18.15	16.67	20.37	14.82	+
	50.00	9.26	21.85	22.96	26.30	22.22	29.26	21.98	++
	100.00	19.63	30.74	24.07	36.30	27.78	36.67	29.20	++
	500.00	28.15	41.48	30.37	47.04	36.30	52.59	39.32	++
Sésamo	0.00	0.00	0.00	0.00	0.00	0.00	0.00	0.00	-
	25.00	0.37	2.93	3.33	2.96	2.59	7.04	3.20	+
	50.00	4.81	7.41	5.93	6.30	7.41	13.33	7.53	+
	100.00	10.00	14.44	12.96	9.63	14.07	21.85	13.83	+
	500.00	14.81	22.96	19.26	14.14	22.22	42.59	22.66	++
Média		18.44	23.77	18.12	25.36	19.01	28.27	22.17	

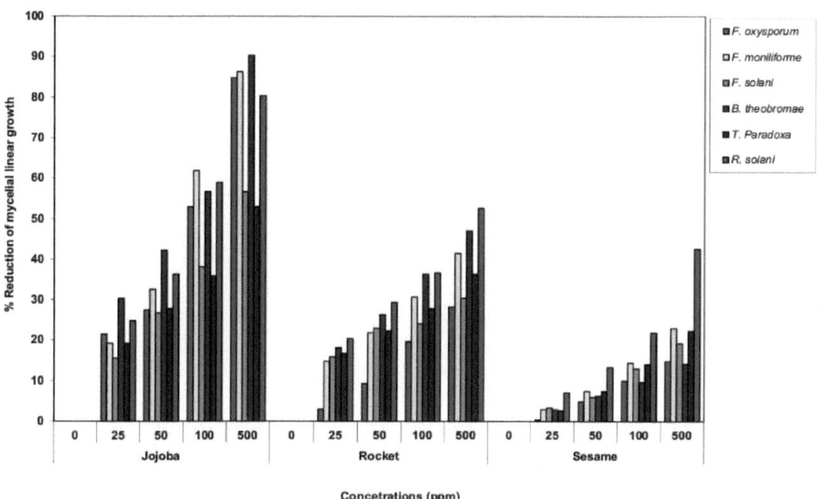

Fig. (11) Efeito de alguns óleos fixos no crescimento linear de fungos patogénicos *in vitro*

8. Estudos de controlo biológico (agentes bióticos) 8.1. Isolamento de microrganismos antagonistas da rizosfera e do solo

Dez fungos diferentes, *nomeadamente Trichoderma harzianum, Aspergillus* spp, *Fusarium solani, F. semitectum, Penicillium* spp, *Mucor* spp, *Stemphylium* spp, *Rhizopus* spp, *Bacillus subtilis* e *Actinomycetes* spp, foram isolados de amostras de solo saudável de tamareiras recolhidas em diferentes províncias. Por outro lado, seis fungos, nomeadamente *Trichoderma harzianum, F. semitectum, Aspergillus* spp., *Penicillium* spp., *Actinomycetes* spp. e *Stemphylium* spp. foram isolados de amostras de raízes sãs da rizosfera de tamareiras colhidas em diferentes províncias. *Trichoderma harzianum* isolado da zona da rizosfera foi o mais frequentemente isolado de diferentes províncias, a percentagem mais elevada foi a de Gizé e Sharkyia (90%) para ambas as províncias, seguida de Assuão (80%), enquanto Behera foi (70% isolado da rizosfera). Por outro lado, *B. subtilis* foi isolado do solo (20%) e da rizosfera (50%), na província de Ismailia.

Os dados da Tabela (23) indicam que as amostras de solo saudável da província de Assuão continham *T. harzianum* (50%), seguido de *Aspergillus* spp. (30%), enquanto *F. solani e F. semitectum* continham (10%) para ambos. Por outro lado, as amostras de rizosfera saudável continham *T. harzianum* (80%), seguido de *Penicillium* spp. (20%). As amostras de solo da província de Behera continham *Penicillium* spp (60%) e (20%) para cada um de *Aspergillius* spp. e *Mucor* spp. Por outro lado, as amostras de rizosfera continham *T. harzianum* (70%) e *F. semitectum* (30%). As amostras da província de Gizé continham *Aspergillius* spp., *Mucor* spp., *Rhizopus* spp. e *Stemphylium* spp. (30, 20, 20 e 30%, respetivamente) de amostras de solo saudável, enquanto as amostras da rizosfera continham *T. harzianum* e *Aspergillius* spp. (90 e 10%, respetivamente). As amostras de solo da província de Ismailia continham *T. harzianum* (70%), seguido de *B. subtilis* (20%) e *Aspergillius* spp. (10%). Por outro lado, as amostras da rizosfera continham *T. harzianum* e *B. subtilis* (50%) para cada uma. Na província de Luxor, a amostra de solo continha *Pénicillium* spp. (70%) e *Aspergillus* spp. (30%), enquanto a amostra de rizosfera continha *Aspergillus* spp. e *Actinomycetes* spp. (80% e 20%, respetivamente). As amostras de solo de Sharkyia continham *Penicillium* spp. e *Aspergillus* spp. (70 e 30%, respetivamente), enquanto as amostras de rizosfera continham *T. harzianum* e *Penicillium* spp. (90 e 10%, respetivamente). As amostras de solo de Marsa-Matrouh continham *Penicillium* spp. e *Aspergillus* spp. (80 e 20%, respetivamente). Por outro lado, a amostra da rizosfera continha *Aspergillus* spp. e *Penicillium* spp. (60 e 40%, respetivamente).

Tabela (23): Identificação e frequência de microrganismos isolados da rizosfera e do solo de tamareiras em diferentes províncias

Governorados	Variedades	Número de amostras	Amostras (solo/rizosfera)	Fungos associados	Frequência %
Assuão	Medjhol	5	Solo	*Trichoderma harzianum1*	50
				Aspergillus sp.	30
				Fusarium solani	10
				Fusarium semitectum	10
		5	Rizosfera	*Trichoderma harzianum2*	80
				Penicillium sp.	20
Behaira	Hayany	5	Solo	*Aspergillus* sp.	20
				Penicillium sp.	60
				Mucor sp.	20
		5	Rizosfera	*Trichoderma harzianum3*	70
				Fusarium semitectum	30
Gizé	Zaghloul	5	Solo	*Stemphylium* sp.	30
				Aspergillus sp.	30
				Rhizopus sp.	20
				Mucor sp.	20
		5	Rizosfera	*Trichoderma harzianum4*	90
				Aspergillus sp.	10
Ismailia	Samany	5	Solo	*Trichoderma harzianum5*	70
				Bacillus subtilis1	20
				Aspergillus sp.	10
		5	Rizosfera	*Trichoderma harzianum6*	50
				Bacillus subtilis2	50
Luxor	Medjhol	5	Solo	*Aspergillus* sp.	30
				Penicillium sp.	70
		5	Rizosfera	*Aspergillus* sp.	80
				Actinomicetos	20
Sharkia	Zaghloul	5	Solo	*Penicillium sp.*	70
				Aspergillus sp.	30
		5	Rizosfera	*Trichoderma harzianum7*	90
				Penicillium sp.	10
Siwa	Siway	5	Solo	*Penicillium sp.*	80

				Aspergillus sp.	20
		5	Rizosfera	*Aspergillus* sp.	60
				Penicillium sp.	40

9. Avaliação de diferentes microrganismos antagonistas isolados contra fungos patogénicos da raiz da tamareira *in vitro*

Sete isolados de *T. harzianum*, dois de *B. subtilis* e um de *Actinomycetes* sp. foram avaliados como antagonistas de fungos patogénicos do solo.

Os dados da Tabela (24) e da Fig. (12) mostram que o isolado 2 de *T. harzianum* isolado da província de Assuão (zona da rizosfera) foi o mais eficaz contra o crescimento de fungos patogénicos (69,88% de redução do crescimento), seguido pelo isolado 1 de *T. harzianum* isolado da província de Assuão (solo) (52,04%), enquanto os isolados 5 e 4 de T. *harzianum* foram moderadamente eficazes (47,16 e 43,27%, respetivamente). Por outro lado, o isolado 2 de *B. subtilis* foi moderadamente eficaz (42,91%) e os isolados 7 e 6 de *T. harzianum* (38,89 e 43,94%, respetivamente). Enquanto que o isolado 3 de *T. harzianum*, o isolado 2 de *Actinomycetes* sp. e o isolado 2 de *B. subtilis* foram fracamente eficazes contra o crescimento de fungos patogénicos (30,68, 27,41 e 24,08%, respetivamente). Por outro lado, *o F. monilifome* foi o mais afetado pelos antagonistas (47,67%), seguido do *T. paradoxa* e do *B. theobromae* (44,15 e 41,11%, respetivamente), que foram os moderadamente afectados, enquanto *o F. oxysporum* e o *R. solani* foram os fracamente afectados pelos antagonistas (41,11 e 39,30%, respetivamente). Os isolados 2 e 1 de *T. harzianum*, respetivamente, foram eficazes, seguidos do isolado 3, moderadamente eficaz.

10. Formulações comerciais de bioagentes

10.1. Bioensaio da formulação comercial dos bioagentes no crescimento linear de fungos patogénicos *in vitro*

Foram testadas quatro formulações comerciais de bioagentes para determinar a mais eficaz contra os fungos patogénicos do solo. Os dados do Quadro (25) e da Fig. (13) indicam que o Plant-Guard foi o mais eficaz contra o crescimento de fungos patogénicos na gama (41,93% de redução do crescimento), seguido do Rhizo-N (35,19%). Por outro lado, o Bio-arc e o Bio-zeid foram os menos eficazes contra o crescimento de fungos (24,44 e 19,86%, respetivamente). No entanto, o crescimento micelial linear diminuiu com o aumento da concentração de bioagentes. Por outro lado, a concentração elevada variou (51,67%), seguida da concentração normal (40,88%), enquanto a concentração baixa variou (28,87%). Por outro lado, *B. theobromae* foi o mais afetado pelos bioagentes (32,55%), seguido de *F. moniliforme, T. paradoxa* e *F. oxysporum* que foram moderadamente afectados pelos bioagentes (31,41, 30,93 e 30,79%, respetivamente), enquanto *F. solani* e *R. solani* foram fracamente afectados pelos bioagentes (28,59 e 27,87%, respetivamente). O Plant-Guard foi o mais eficaz em contracções (normais e elevadas) (+++), seguido do Rhizo-N (++), que foi moderadamente eficaz, enquanto o Bio-arc e o Bio-zeid foram os menos eficazes (++).

Tabela (24): Efeito dos microrganismos antagonistas no crescimento linear de fungos patogénicos *in vitro*.

Bioagentes	Zona de inibição %						Média	Eficácia %
	F. oxysporum	*F. moniliforme*	*F. solani*	*B. theobromae*	*T. Paradoxa*	*R. solani*		
Controlo	**0.00**	**0.00**	**0.00**	**0.00**	**0.00**	**0.00**	**0.00**	**-**
Bacillus subtilis1	**19.63**	**29.26**	**15.93**	**29.63**	**30.00**	**20.00**	**24.08**	**++**
Bacillus subtilis2	**50.74**	**52.22**	**39.30**	**37.41**	**48.15**	**29.63**	**42.91**	
Trichoderma harzianum	**57.78**	**61.11**	**27.78**	**50.74**	**63.33**	**51.48**	**52.04**	**+++**

Trichoderma harzianum	74.81	76.67	60.37	62.96	75.56	68.89	69.88	+++
Trichoderma harzianum	27.78	38.52	25.19	35.93	30.37	26.30	30.68	++
Trichoderma harzianum	30.74	53.70	39.25	44.81	52.22	38.89	43.27	++
Trichoderma harzianum	45.19	54.07	35.93	50.74	47.78	49.26	47.16	++
Trichoderma harzianum	39.63	41.48	28.15	29.63	31.11	39.63	34.94	++
Trichoderma harzianum	38.52	38.89	36.30	38.52	39.26	41.85	38.89	++
Actinomicetos sp.	26.30	30.74	25.93	30.74	23.70	27.04	27.41	++
Meaa	41.11	47.67	33.41	41.11	44.15	39.30	41.12	

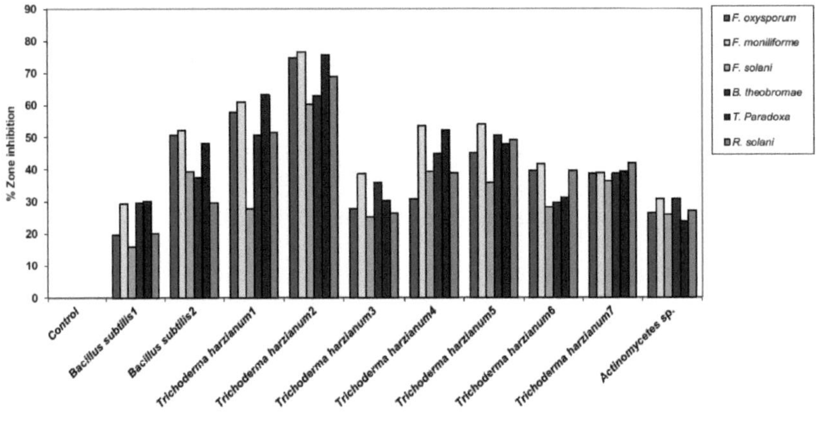

Fig. (12) Efeito dos microrganismos antagonistas no crescimento linear de fungos patogénicos *in vitro*.

Tabela (25): Efeito de algumas formulações comerciais de bioagentes no crescimento linear de fungos patogénicos *in vitro*.

Bioagents	Conc. / L	% Reduction mycelial linear growth						Mean	Efficacy %
		F. o.	*F. m.*	*F. s.*	*B. t.*	*T. p.*	*R. s.*		
Bio-zeid (*Trichoderma album*)	0.00	0.00	0.00	0.00	0.00	0.00	0.00	0.00	-
	1.25 g	17.78	20.37	6.30	22.22	17.04	9.26	15.50	+
	2.5 g	28.15	30.74	17.04	38.89	29.26	18.15	27.04	++
	3.50	41.11	38.89	26.67	50.00	39.63	25.19	36.92	++
Bio-arc (*Bacillus megaterium*)	0.00	0.00	0.00	0.00	0.00	0.00	0.00	0.00	-
	1.25 g	19.63	30.74	16.67	27.78	20.37	18.89	22.35	++
	2.5 g	30.74	41.85	32.96	35.19	28.89	28.52	33.03	++
	3.5 g	38.52	50.74	42.22	44.07	39.63	39.26	42.41	++
Rhizo-N (*Bacillus subtilus*)	0.00	0.00	0.00	0.00	0.00	0.00	0.00	0.00	-
	3 g	29.26	35.93	36.30	41.85	30.37	28.15	33.64	++
	4 g	41.85	42.59	52.96	49.63	42.96	50.74	46.79	++
	5 g	50.74	52.22	62.22	61.11	71.85	63.70	60.31	+++
Plant guard (*Trichoderma herzianum*)	0.00	0.00	0.00	0.00	0.00	0.00	0.00	0.00	-
	1.25 ml	59.63	41.85	45.93	39.26	38.15	39.26	44.01	++
	2.5 ml	64.81	52.96	53.70	52.59	63.33	52.59	56.66	+++
	3.5 ml	70.37	63.70	64.44	58.15	73.33	72.22	67.04	+++
Mean		30.79	31.41	28.59	32.55	30.93	27.87	30.35	

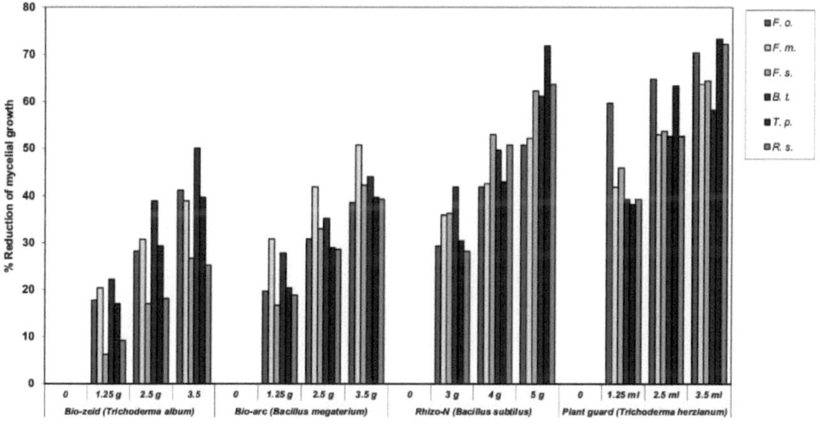

Fig. (13) Efeito de algumas formulações comerciais de bioagentes no crescimento linear de fungos patogénicos *in vitro*.

11. Controlo químico: Efeito dos fungicidas no crescimento linear micelial de fungos patogénicos

Os dados apresentados no quadro (26) indicam que todos os fungicidas testados reduziram o crescimento linear micelial de fungos patogénicos transmitidos pelo solo *in vitro*. Todas as concentrações testadas de fungicidas reduziram significativamente o crescimento linear dos fungos testados em comparação com o tratamento de controlo. O Topsin M70 foi o fungicida mais eficaz contra o crescimento (66,12% de redução do crescimento), seguido do Kema-Z (59,30%), enquanto que os moderadamente eficazes foram o Tachigaren e o Vitavax (53,02 e 46,75%, respetivamente), enquanto que os fungicidas Moncut e Monceren foram os menos eficazes contra o crescimento dos fungos (25,29 e 24,75%, respetivamente), em comparação com o controlo. Por outro lado, a concentração elevada de 1000 ppm foi a mais eficaz contra o crescimento (79,04%), seguida da concentração de 500 ppm (73,92%), da concentração de 400 ppm (66,95%) e da concentração de 400 ppm (58,07%), enquanto as concentrações de 200, 100, 50, 10 e 5 ppm foram mais eficazes (48,21, 40,04, 29,50 e 17,08%, respetivamente). Por outro lado, *R. solani* foi o mais afetado pelos fungicidas (82,57%), seguido de *B. theobromae* (60,18%) e *T. paradoxa* (47,24%), enquanto *F. solani* e *F. moniliforme* foram os moderadamente afectados pelos fungicidas (33,81 e 32,96%, respetivamente). Por outro lado, *o F. oxsporum* foi o menos afetado pelos fungicidas (22,11%).

12. Controlo das doenças da podridão radicular da tamareira com diferentes tratamentos em estufa

12.1. Antes da inoculação com fungos patogénicos

Os resultados no Quadro (27) mostram que todos os fungicidas e bioagentes testados (abióticos e bióticos) reduziram a gravidade da doença da podridão radicular em plântulas de tamareira var. Zaghloul. O encharcamento do solo com os materiais testados três dias antes da inoculação pelos fungos patogénicos transmitidos pelo solo provou ser um bom tratamento na redução da gravidade da doença, em comparação com o encharcamento do solo após três dias de inoculação. O fungicida Topsin M70 foi o mais eficaz contra os fungos patogénicos, nomeadamente *F. oxysporum, F. monliforme, F. solani, T. paradoxa, B. theobromae* e *R. solani* em condições de estufa (87,68, 87,16, 86,62, 83,82 72,65 e 59.30% de redução da severidade da doença, respetivamente), seguido do fungicida Kema-Z, enquanto o óleo fixo de jojoba foi moderadamente eficaz, seguido do Vitavax, Tachigaren e Moncut, enquanto o óleo essencial de alho, o bioagente biótico Plant-Guard, o fungicida Monceren e o extrato vegetal de manjerona foram os menos eficazes contra a severidade da doença, em comparação com o tratamento de controlo. Por outro lado, todas as concentrações testadas dos diferentes tratamentos reduziram significativamente a gravidade da doença dos fungos testados em comparação com o tratamento de controlo. Por outro lado, *R. solani* foi o mais afetado pelos diferentes tratamentos (8,22% de gravidade da doença), seguido de *B. theobrome* (9,46% de gravidade da doença) e *T. paradoxa* (11,70% de gravidade da doença), enquanto *F. moniliforme* e *F. solani* foram moderadamente afectados por todos os tratamentos (14,96 e 16,62% de gravidade da doença, respetivamente). Por outro lado, *o F. oxsporum* foi fracamente afetado por todos os tratamentos (17,21% de gravidade da doença), em comparação com o tratamento de controlo.

12.2. Após inoculação com fungos patogénicos

Os resultados no Quadro (28) mostram que todos os fungicidas e bioagentes testados (abióticos e bióticos) reduziram a gravidade da doença da podridão radicular em plântulas de tamareira var. Zaghloul. O encharcamento do solo com os materiais testados três dias após a inoculação pelos fungos patogénicos transmitidos pelo solo provou ser um bom tratamento na redução da gravidade da doença, em comparação com o encharcamento do solo antes de três dias de inoculação. O fungicida Topsin M70 foi o mais eficaz na redução da severidade da doença contra todos os fungos testados, como *F. oxysporum, F. solani, F. monliforme, T. paradoxa, R. solani* e *B. theobromae* em condições de estufa (88,44, 85,75, 83.70, 80,94 61,59 e 59,75% de redução da gravidade da doença, respetivamente), seguido do Kema-Z, enquanto o óleo fixo de jojoba, o Tachigaren, o Moncut e os fungicidas Vitavax foram os tratamentos moderadamente eficazes contra a gravidade da doença, respetivamente. Por outro lado, o óleo essencial de alho, o fungicida Moncut, o extrato vegetal de manjerona e o agente biótico Plant-Guard foram os tratamentos menos eficazes contra a gravidade da doença, respetivamente, em comparação com o controlo. Por outro lado, a concentração elevada foi a mais eficaz contra a gravidade da doença. Por outro lado, *R. solani* foi o mais afetado pelos tratamentos (9,63% de gravidade da doença), seguido de *B. theobromae* (11,66% de gravidade da doença), enquanto *T. paradox* e *F. moniliforme* foram moderadamente afectados por todos os tratamentos (14,76 e 16,78% de gravidade da doença, respetivamente). Por outro lado, *F. oxysporium* foi o último afetado por todos os tratamentos (21,08% de severidade da doença).

Tabela (26): Efeito de alguns fungicidas químicos no crescimento linear de fungos patogénicos *in vitro*.

Fungicida	Cone, ppm	% de redução do crescimento micelial linear						Média
		F. o.	*F. m.*	*F. s.*	*B. t.*	*T. p.*	*R. s.*	
Topsin M70	0.00	0.00	0.00	0.00	0.00	0.00	0.00	0.00
	5.00	5.19	13.33	6.67	31.48	28.52	63.33	24.75
	10.00	10.37	27.78	21.11	61.48	49.63	100.00	45.06
	50.00	16.30	39.26	38.89	100.00	75.19	100.00	61.61
	100.00	25.19	58.15	51.85	100.00	100.00	100.00	72.53
	200.00	47.04	100.00	100.00	100.00	100.00	100.00	91.17

	400.00	100.00	100.00	100.00	100.00	100.00	100.00	100.00
	500.00	100.00	100.00	100.00	100.00	100.00	100.00	100.00
	1000.00	100.00	100.00	100.00	100.00	100.00	100.00	100.00
Kema-Z	0.00	0.00	0.00	0.00	0.00	0.00	0.00	0.00
	5.00	3.70	9.26	4.07	20.00	26.30	41.48	17.47
	10.00	9.26	17.04	15.19	57.78	46.67	73.70	36.61
	50.00	15.93	27.41	27.41	73.33	64.45	100.00	51.42
	100.00	24.81	42.22	39.26	100.00	74.81	100.00	63.52
	200.00	30.37	54.81	52.59	100.00	100.00	100.00	72.96
	400.00	50.37	100.00	100.00	100.00	100.00	100.00	91.73
	500.00	100.00	100.00	100.00	100.00	100.00	100.00	100.00
	1000.00	100.00	100.00	100.00	100.00	100.00	100.00	100.00
Vitavax	0.00	0.00	0.00	0.00	0.00	0.00	0.00	0.00
	5.00	3.33	8.15	5.56	11.67	20.37	38.89	14.66
	10.00	7.04	16.30	10.74	30.74	29.26	72.69	27.80
	50.00	12.59	24.45	16.67	51.85	41.11	100.00	41.11
	100.00	14.44	30.00	24.44	75.93	49.63	100.00	49.07
	200.00	21.11	50.37	36.67	100.00	62.22	100.00	61.73
	400.00	25.19	59.26	48.52	100.00	75.19	100.00	68.03
	500.00	36.30	69.26	58.52	100.00	100.00	100.00	77.35
	1000.00	42.96	75.96	66.67	100.00	100.00	100.00	80.93
Tachigaren	0.00	0.00	0.00	0.00	0.00	0.00	0.00	0.00
	5.00	5.93	9.26	7.41	8.89	30.74	35.19	16.24
	10.00	8.89	16.67	16.30	20.00	41.48	71.11	29.08
	50.00	15.55	27.40	27.04	39.26	52.96	100.00	43.70
	100.00	20.37	38.89	41.85	72.22	61.11	100.00	55.74
	200.00	27.41	51.11	51.11	100.00	72.59	100.00	67.04
	400.00	39.26	70.37	60.00	100.00	100.00	100.00	78.27
	500.00	50.37	100.00	72.59	100.00	100.00	100.00	87.16
	1000.00	100.00	100.00	100.00	100.00	100.00	100.00	100.00
Moncut	0.00	0.00	0.00	0.00	0.00	0.00	0.00	0.00
	5.00	0.00	0.00	0.00	7.78	0.00	78.89	14.45
	10.00	0.00	0.00	0.00	16.30	0.00	100.00	19.38
	50.00	0.00	0.00	0.00	28.52	0.00	100.00	21.42
	100.00	0.00	0.00	0.00	41.48	0.00	100.00	23.58
	200.00	0.00	0.00	0.00	61.11	0.00	100.00	26.85
	400.00	0.00	0.00	0.00	75.19	15.93	100.00	31.85
	500.00	4.81	10.37	7.78	100.00	33.70	100.00	42.78
	1000.00	13.70	16.67	14.07	100.00	39.63	100.00	47.35
Monceren	0.00	0.00	0.00	0.00	0.00	0.00	0.00	0.00

	5.00	0.00	0.00	0.00	5.93	0.00	83.33	14.88
	10.00	0.00	0.00	0.00	14.07	0.00	100.00	19.01
	50.00	0.00	0.00	0.00	25.93	0.00	100.00	20.99
	100.00	0.00	0.00	0.00	38.89	10.00	100.00	24.82
	200.00	0.00	0.00	0.00	50.37	21.48	100.00	28.64
	400.00	0.00	0.00	0.00	58.15	32.96	100.00	31.85
	500.00	0.00	4.45	0.00	71.11	41.85	100.00	36.24
	1000.00	5.93	11.48	7.04	100.00	53.33	100.00	46.30
Média		22.11	32.96	33.81	60.18	47.24	82.57	45.87

Tabela (27): Efeito de diferentes métodos de tratamento na severidade da doença da podridão radicular da tamareira causada por fungos patogénicos antes da inoculação.

Treatments	Conc.	% Disease Severtly											
		Pathogenic fungi											
		F. o.	% Reduction	*F. m*	% Reduction	*F. s.*	% Reduction	*B. t.*	% Reduction	*T. p.*	% Reduction	*R. s.*	% Reduction
Topsin M70	0.00	31.08	0.00	22.75	0.00	27.42	0.00	13.42	0.00	24.17	0.00	11.67	0.00
	2 gm	11.50	63.00	10.83	52.40	11.58	57.77	8.75	34.80	6.25	74.14	8.17	29.99
	3 gm	7.25	76.67	6.58	71.08	6.92	74.76	6.92	48.44	5.83	75.88	6.25	46.44
	4 gm	3.83	87.68	2.92	87.16	3.67	86.62	3.67	72.65	3.91	83.82	4.75	59.30
Kema-Z	0.00	31.08	0.00	22.75	0.00	27.42	0.00	13.42	0.00	24.17	0.00	11.67	0.00
	2 gm	12.08	61.13	11.25	50.55	11.75	57.15	9.17	31.67	8.25	65.87	8.58	26.48
	3 gm	9.17	70.50	6.83	69.98	7.42	72.94	7.92	40.98	6.42	73.44	6.42	44.99
	4 gm	6.67	78.54	5.33	76.57	6.08	77.83	5.92	55.89	4.75	80.35	4.92	57.84
Vitavax	0.00	31.08	0.00	22.75	0.00	27.42	0.00	13.42	0.00	24.17	0.00	11.67	0.00
	2 gm	13.08	57.92	12.92	43.21	13.50	50.77	11.42	14.90	10.08	58.30	10.58	9.34
	3 gm	10.83	65.15	10.58	53.49	11.33	58.68	9.42	29.81	8.67	64.13	8.67	25.71
	4 gm	8.42	72.91	8.33	63.38	9.33	65.97	7.58	43.52	6.75	72.07	6.92	40.70
Tachigaren	0.00	31.08	0.00	22.75	0.00	27.42	0.00	13.42	0.00	24.17	0.00	11.67	0.00
	2 gm	13.75	55.76	13.42	41.01	14.33	47.74	10.83	19.30	9.42	61.03	9.17	21.42
	3 gm	11.25	63.80	11.33	50.20	11.92	56.53	9.17	31.67	7.83	67.60	8.25	29.31
	4 gm	9.33	69.98	9.25	59.34	9.75	64.44	6.83	49.11	7.08	70.71	6.75	42.16
Moncut	0.00	31.08	0.00	22.75	0.00	27.42	0.00	13.42	0.00	24.17	0.00	11.67	0.00
	2 gm	15.42	50.39	15.75	30.77	16.25	40.74	9.25	31.07	10.25	57.59	7.67	34.28
	3 gm	11.58	62.74	13.25	41.76	14.08	48.65	8.08	39.79	7.33	69.67	5.83	50.04
	4 gm	8.17	73.71	12.33	45.80	12.92	52.88	6.92	48.44	6.50	73.11	4.17	64.27
Monceren	0.00	31.08	0.00	22.75	0.00	27.42	0.00	13.42	0.00	24.17	0.00	11.67	0.00
	2 gm	18.08	41.83	16.17	28.92	16.92	38.29	12.25	8.72	11.92	50.68	6.92	40.70
	3 gm	15.50	50.13	13.42	41.01	14.08	48.65	9.92	26.08	9.67	59.99	5.83	50.04
	4 gm	11.17	64.06	12.92	43.21	13.33	51.39	7.67	42.85	7.33	69.67	4.67	59.98
Marjoram	0.00	31.08	0.00	22.75	0.00	27.42	0.00	13.42	0.00	24.17	0.00	11.67	0.00
	50.00	22.17	28.67	19.25	15.38	20.58	24.95	11.08	17.44	10.08	58.30	11.25	3.60
	75.00	18.33	41.02	18.17	20.13	18.75	31.62	8.67	35.39	8.58	64.50	9.50	18.59
	100.00	15.83	49.07	16.08	29.32	16.58	39.53	7.67	42.85	7.92	67.23	7.33	37.19
Garlic	0.00	31.08	0.00	22.75	0.00	27.42	0.00	13.42	0.00	24.17	0.00	11.67	0.00
	50 ppm	16.33	47.46	17.92	21.23	18.75	31.62	8.50	36.66	7.92	67.23	7.08	39.33
	100 ppm	13.67	56.02	15.50	31.87	16.08	41.36	6.92	48.44	6.25	74.14	5.42	53.56
	500 ppm	11.08	64.35	10.83	52.40	11.50	58.06	5.67	57.75	5.50	77.24	4.83	58.61
Jojoba	0.00	31.08	0.00	22.75	0.00	27.42	0.00	13.42	0.00	24.17	0.00	11.67	0.00
	50 ppm	14.42	53.60	16.08	29.32	16.58	39.53	8.25	38.52	8.33	65.54	7.67	34.28
	100 ppm	10.42	66.47	12.92	43.21	13.67	50.15	5.83	56.56	5.25	78.28	4.92	57.84
	500 ppm	8.33	73.20	9.92	56.40	10.75	60.80	5.42	59.61	4.92	79.64	4.83	58.61
Plant guard	0.00	31.08	0.00	22.75	0.00	27.42	0.00	13.42	0.00	24.17	0.00	11.67	0.00
	1.25 gm	20.50	34.04	15.75	30.77	16.33	40.44	10.42	22.35	10.33	57.26	10.83	7.20
	2.5 gm	16.08	48.26	13.67	39.91	14.17	48.32	7.83	41.65	7.42	69.30	7.92	32.13
	3.5 gm	13.42	56.82	11.25	50.55	11.75	57.15	6.17	54.02	5.58	76.91	5.92	49.27
Mean		17.21		14.96		16.62		9.46		11.70		8.22	

L. S. D. at 0.05%

Fungi (F)	0.23	F X T	0.72	F X T X C	1.43
Treatments (T)	0.29	F X C	0.45		
Concentrations (C)	0.18	T X C	0.58		

Tabela (28): Efeito de diferentes métodos de tratamento na severidade da doença da podridão radicular da tamareira causada por fungos patogénicos após inoculação

Treatments	Conc.	% Disease Severtiy											
		Pathogenic fungi											
		F. o.	, Reductio	*F. m*	% Reductior	*F. s.*	% Reductior	*B. t.*	, Reductio	*T. p.*	% Reductior	*R. s.*	% Reduction
Topsin M70	0.00	38.25	0.00	25.58	0.00	33.33	0.00	15.33	0.00	30.58	0.00	13.67	0.00
	2 gm	13.42	64.92	12.25	52.11	14.58	56.26	10.92	28.77	9.17	70.01	9.83	28.09
	3 gm	8.08	78.88	8.50	66.77	8.17	75.49	9.25	39.66	8.00	73.84	6.75	50.62
	4 gm	4.42	88.44	4.17	83.70	4.75	85.75	6.17	59.75	5.83	80.94	5.25	61.59
Kema-Z	0.00	38.25	0.00	25.58	0.00	33.33	0.00	15.33	0.00	30.58	0.00	13.67	0.00
	2 gm	12.67	66.88	12.08	52.78	13.17	60.49	11.17	27.14	9.17	70.01	9.17	32.92
	3 gm	10.17	73.41	7.75	69.70	9.33	72.01	9.83	35.88	7.75	74.66	6.67	51.21
	4 gm	7.08	81.49	6.50	74.59	7.42	77.74	6.92	54.86	5.92	80.64	5.42	60.35
Vitavax	0.00	38.25	0.00	25.58	0.00	33.33	0.00	15.33	0.00	30.58	0.00	13.67	0.00
	2 gm	14.08	63.19	13.75	46.25	16.17	51.49	14.50	5.41	11.58	62.13	12.75	6.73
	3 gm	11.58	69.73	11.58	54.73	14.17	57.49	13.58	11.42	10.17	66.74	9.50	30.50
	4 gm	9.17	76.03	10.08	60.59	10.42	68.74	10.33	32.62	7.08	76.85	7.58	44.55
Tachigaren	0.00	38.25	0.00	25.58	0.00	33.33	0.00	15.33	0.00	30.58	0.00	13.67	0.00
	2 gm	17.83	53.39	14.33	43.98	15.67	52.99	13.75	10.31	10.67	65.11	10.58	22.60
	3 gm	14.33	62.54	12.25	52.11	13.17	60.49	10.92	28.77	9.08	70.31	9.67	29.26
	4 gm	9.92	74.07	10.17	60.24	11.25	66.25	8.08	47.29	7.75	74.66	7.67	43.89
Moncut	0.00	38.25	0.00	25.58	0.00	33.33	0.00	15.33	0.00	30.58	0.00	13.67	0.00
	2 gm	17.92	53.15	16.50	35.50	17.33	48.00	11.75	23.35	11.67	61.84	9.42	31.09
	3 gm	12.17	68.18	13.92	45.58	15.67	52.99	9.83	35.88	8.17	73.28	6.83	50.04
	4 gm	8.92	76.68	13.58	46.91	14.08	57.76	7.58	50.55	7.17	76.55	4.75	65.25
Monceren	0.00	38.25	0.00	25.58	0.00	33.33	0.00	15.33	0.00	30.58	0.00	13.67	0.00
	2 gm	18.75	50.98	16.83	34.21	18.75	43.74	14.25	7.05	12.58	58.86	8.17	40.23
	3 gm	16.58	56.65	14.58	43.00	16.92	49.23	12.08	21.20	11.08	63.77	6.92	49.38
	4 gm	11.92	68.84	13.75	46.25	14.33	57.01	9.08	40.77	10.17	66.74	5.17	62.18
Marjoram	0.00	38.25	0.00	25.58	0.00	33.33	0.00	15.33	0.00	30.58	0.00	13.67	0.00
	50.00	25.08	34.43	20.08	21.50	22.08	33.75	14.25	7.05	11.58	62.13	12.17	10.97
	75.00	20.33	46.85	19.17	25.06	20.83	37.50	11.17	27.14	10.08	67.04	10.83	20.78
	100.00	16.83	56.00	16.92	33.85	18.83	43.50	8.42	45.08	9.92	67.56	9.17	32.92
Garlic	0.00	38.25	0.00	25.58	0.00	33.33	0.00	15.33	0.00	30.58	0.00	13.67	0.00
	50 ppm	17.08	55.35	18.67	27.01	21.00	36.99	11.33	26.09	10.42	65.93	9.25	32.33
	100 ppm	14.92	60.99	16.25	36.47	18.92	43.23	9.33	39.14	8.83	71.12	7.83	42.72
	500 ppm	12.17	68.18	11.58	54.73	14.17	57.49	7.75	49.45	8.17	73.28	6.67	51.21
Jojoba	0.00	38.25	0.00	25.58	0.00	33.33	0.00	15.33	0.00	30.58	0.00	13.67	0.00
	50 ppm	20.58	46.20	17.00	33.54	18.50	44.49	10.83	29.35	9.33	69.49	8.58	37.23
	100 ppm	11.83	69.07	13.75	46.25	16.83	49.50	8.58	44.03	6.58	78.48	7.17	47.55
	500 ppm	9.83	74.30	11.33	55.71	13.83	58.51	6.75	55.97	5.58	81.75	6.42	53.04
Plant guard	0.00	38.25	0.00	25.58	0.00	33.33	0.00	15.33	0.00	30.58	0.00	13.67	0.00
	1.25 gm	37.50	1.96	20.83	18.57	30.83	7.50	14.17	7.57	16.25	46.86	12.83	6.14
	2.5 gm	29.92	21.78	19.25	24.75	25.58	23.25	11.33	26.09	14.00	54.22	8.92	34.75
	3.5 gm	25.58	33.12	18.08	29.32	24.17	27.48	9.25	39.66	10.92	64.29	6.50	52.45
Mean		21.08		16.78		20.36		11.66		14.76		9.63	

L. S. D. at 0.05%

Fungi (F)	0.33	F X T	1.06	F X T X C	2.12
Treatments (T)	0.43	F X C	0.67		
Concentrations (C)	0.27	T X C	0.86		

Discussão

A tamareira, nas condições do Egito, está sujeita à infeção por diferentes doenças causadas por muitos fungos patogénicos do solo que provocam uma podridão radicular considerável nas árvores do pomar e nos rebentos.

Os objectivos deste estudo: levantamento e identificação de doenças causadas por fungos patogénicos da podridão radicular das tamareiras. Estudar a interação entre o hospedeiro, os fungos patogénicos e as condições ambientais, para compreender a relação entre os diversos factores e a severidade da doença. Experimentar novos materiais de controlo das doenças da podridão radicular das tamareiras, em comparação com o controlo químico, para diminuir a toxicidade dos fungicidas no ambiente.

A doença da podridão radicular causada por fungos patogénicos, *viz. F. oxysporum, F. moniliforme, F. solani, B. theomromae, T. paradoxa* e *R. solani*, foi a mais frequente em amostras de raízes recolhidas em Assuão, Behera, Gizé, Ismailia, Luxor, Sharkyia e Marsa-Matrouh, enquanto outros fungos foram menos frequentes. Os nossos resultados indicaram que as doenças da podridão radicular estavam presentes em tamareiras cultivadas em todas as diferentes localidades pertencentes a sete províncias do Egito. Estes resultados estão de acordo com **(Abbas *et al.*, 1989; El-Deeb, 1994; Elliott, *et al.*, 2004; Atallah, 2008)**. Enquanto **Barakat, *et al.* (1992 e El-Arosi *et al.* (1993)** relataram que. *F. moniliforme* e *F. solani* são a única causa do declínio das palmeiras; os sintomas apareceram na raiz como uma descoloração castanha pálida no adventício. Também o outro fungo, *Botryodiplod theobromae*, foi o causador do declínio dos rebentos de tamareira.

A ocorrência e a frequência dos fungos isolados diferiram de um local para outro; estas diferenças devem-se provavelmente às condições climáticas (humidade, temperatura e tipo de solo), aos factores de disseminação dos fungos em diferentes locais e às práticas agrícolas. Estes resultados estão em harmonia com os resultados obtidos por **Fawcett e Klotz (1932)**. Foram registadas variações na incidência da doença e na percentagem de gravidade da doença nas províncias inspeccionadas. Este resultado está de acordo com **El-Deeb *et al.* (2007),** que referiram que a variação pode dever-se à variação das condições ambientais. Deve-se também a um ou mais dos seguintes factores: 1- diferença qualitativa ou quantitativa da frequência dos agentes patogénicos nos distritos; 2- as condições climáticas variam consideravelmente entre regiões; 3- sensibilidade varietal; 4- factores de disseminação disponíveis na região; 5- pode também dever-se às práticas culturais. **(Turner, 1981)**.

Fusarium spp. foram os fungos isolados com maior frequência em todas as províncias estudadas e foram os mais prevalecentes em tamareiras e rebentos saudáveis e infectados. **Mandel *et al.* (2005)** referiram que *F. solani* e *F. oxysporum* eram predominantes na rizosfera da tamareira. *O Fusarium* spp. foi o fungo mais frequentemente isolado das raízes, mas apresentaram a recuperação média mais elevada de *Fusarium* spp. dos detritos vegetais, seguida das raízes, e a mais baixa ocorreu nas amostras de solo. Por outro lado, *T. paradoxa* foi consistentemente isolado de raízes apodrecidas de tamareira, estes resultados estavam de acordo com os obtidos por **(Chase e Broschat, 1993; Al-Rokibah *et al.*, 1998; Samir *et al.*, 2009)**, mas contradizem o que foi afirmado por **(Djerbi, 1991)**, que relatou que *T. paradoxa* não foi isolado das raízes de árvores naturalmente infestadas. Este facto pode dever-se à presença de vários biótipos do fungo em diferentes regiões **(Al-Rokibah *et al.*, 1998)**.

Os sintomas nas folhas utilizados para avaliar a podridão radicular de fungos patogénicos são diversos e frequentemente controversos. **Armstrong e Armstrong (1975)** recomendaram que os sintomas de murchidão externa são o melhor critério de avaliação, enquanto **Swanson e Van Gundy (1985)** recomendaram avaliações de secções transversais vasculares das raízes.

As potencialidades patogénicas dos fungos isolados foram determinadas em estufa, tendo-se verificado que todas as plântulas de tamareira testadas (método ferido e não ferido) estavam infectadas com todos os fungos patogénicos do solo, mas com vários graus de suscetibilidade. O fungo mais virulento foi o *Fusarium oxysporum,* seguido do *F. solani, T. paradoxa* e *F. moniliforme.* Estes resultados estão de acordo com **El-Deeb *et al.* (2007)**.

Os estudos de reação varietal em condições de ferimento com três cultivares indicaram que a cultivar Zaghloul foi a mais suscetível aos fungos patogénicos testados, seguida da Hayany e da Sammany. Pelo contrário, sob métodos não feridos, a cultivar Hayany foi a mais suscetível aos fungos patogénicos testados, seguida da Sammany, enquanto a Zaghloul foi a menos suscetível. **El-Deeb (1994) e El-Deeb *et al.* (2007)** obtiveram resultados semelhantes.

Os factores ambientais mais importantes que afectam o desenvolvimento de doenças das plantas são a humidade, a temperatura e as actividades humanas em termos de práticas culturais e medidas de controlo. Os resultados de estudos fisiológicos *in vitro* sobre o crescimento micelial indicam que a temperatura óptima para *F. moniliforme* e *R. solani* foi de (25°C), *F. oxysporum* e *T. paradoxa* variaram (25-30°C), enquanto *F. solani* e *B. theobromae* variaram (30-35°C). Por outro lado, a humidade relativa óptima% para *F. oxysporum, F. moniliforme* e *B. theobromae* foi de (60-70%), *R. solani* foi de (70%), enquanto *F. solani* e *T. paradoxa* foram de (80%). Os resultados em estufa, incluindo a temperatura e a humidade relativa, são dois parâmetros-chave no estudo da gravidade da doença, em três variedades de plântulas de tamareiras (Zaghloul, Sammany e Hayany), indicam que a temperatura óptima foi de (30°C) e a humidade relativa de (60%) para todos os fungos patogénicos testados. Estes factores afectam o desenvolvimento da doença através da sua influência sobre o crescimento e a suscetibilidade do hospedeiro, sobre a multiplicação e a atividade do agente patogénico, ou sobre a interação entre o hospedeiro e o agente patogénico no que se refere à gravidade do desenvolvimento dos sintomas. Esses resultados estão de acordo com os relatados por **Agrios (2005)**. É importante recolher informações sobre o efeito da temperatura e da humidade relativa no crescimento micelial e na gravidade da doença. Todos os fungos patogénicos transmitidos pelo solo são activos numa vasta gama de temperaturas e humidade relativa. Além disso, a temperatura e a humidade relativa são eficazes nos fungos patogénicos em condições de estufa e na gravidade da doença das plântulas para todas as diferentes cultivares de tamareira. Estes resultados são bem utilizados para prever a gravidade da doença para os fungos patogénicos, para evitar a doença da podridão radicular em função das temperaturas do ar, do solo e da humidade relativa registadas. As regressões polinomiais e múltiplas obtiveram os melhores resultados para prever a doença da podridão radicular das tamareiras. Estes resultados estão de acordo com **Turner, (1981)**.

A salinidade do solo e da água são dois factores eficazes na incidência e gravidade da doença, sendo a salinidade da água mais eficaz na gravidade da doença da podridão radicular das plântulas de tamareira, em comparação com a salinidade do solo. A salinidade da água a todos os níveis estudados aumentou a gravidade da doença da podridão radicular da tamareira. *Fusarium* spp. e *T. paradoxa* foram os fungos patogénicos mais eficazes sob a salinidade do solo e da água na podridão radicular da tamareira. Estes resultados estão de acordo com **(Amir *et al.*, 1996) e (Al-Rokiabah *et al.*, 1998)**. *In vitro,* a salinidade não é eficaz no crescimento micelial, mas pode ser eficaz na raiz da tamareira, o que está de acordo com **(Suleman, *et al.*, 2001)** que sugeriu que a salinidade desta água de irrigação pode levar a que os agentes patogénicos oportunistas se tornem mais agressivos ou pode predispor as plantas saudáveis a estes agentes patogénicos.

A eficácia de diferentes extractos de folhas de plantas (manjericão, manjerona, hortelã-pimenta e hortelã) contra fungos do solo da podridão radicular da tamareira foi testada *in vitro* e *in vivo*. Os resultados mostraram que os três extractos de folhas de plantas (manjericão, manjerona, hortelã-pimenta) (preparados com água fria) inibiram significativamente ($P<0,05$) o crescimento radial de todos os fungos testados, variando a inibição de um extrato para outro. A percentagem de inibição do crescimento radial de todos os fungos foi mais elevada no extrato de manjerona e mais baixa no extrato de hortelã. **Akinpelu (1999)** referiu os princípios antifúngicos solúveis em água nas plantas como sendo responsáveis pelas actividades antifúngicas. Além disso, **Olufolaji (1999)** utilizou extractos aquosos de plantas no controlo da podridão húmida de *Amaranthus* sp. causada por *Choanephora cocurbitarum.* **Suleiman *et al.* (2008)** mencionaram que os valores de crescimento vegetativo para *Fusarium* sp. em diferentes concentrações de extrato de *Senna alata* eram geralmente baixos em comparação com o controlo. Todos os extractos de folhas foram eficazes na redução da incidência de todos os fungos patogénicos transmitidos pelo solo testados, exceto os extractos de hortelã que não proporcionaram uma redução significativa ($P<0,05$) dos fungos quando comparados com as plântulas de controlo não tratadas. Este resultado indica que os extractos das folhas do manjericão e da manjerona têm provavelmente algumas propriedades fungicidas que inibem o crescimento dos fungos do solo. Os extractos brutos foram mais eficazes na redução da incidência da doença do que os extractos aquosos. Isto é uma indicação de que a diluição dos extractos reduziu os efeitos tóxicos dos extractos de folhas nos fungos transmitidos pelo solo. Estes resultados concordam com as conclusões de **Zaman *et al.* (1997)**, que relataram que a eficácia dos extractos de alho, neem, gengibre e cebola em fungos transmitidos por sementes de mostarda diminuiu com o aumento da diluição. O método de extração com água fria foi a forma mais eficaz de promover a ação do extrato de plantas em comparação com o método de extração com água quente. **Singh *et al.* (1993), Shivpuri *et al.* (1996), Bansal e Gupta (2000), Dwivedi e Shukla (2000) e Srivastava *et al.* (2010)** estudaram e comunicaram que os extractos aquosos de folhas de algumas plantas medicinais foram testados contra *Fusarium oxysporum.* Estes resultados foram contraditórios com os de **Shukla, *et al.* (2002)**, que referiram que o extrato etéreo era mais eficaz na redução da população de *Alternaria alternata* e *Fusarium palliodoroseum* do que o extrato de água a ferver.

Os óleos essenciais foram testados contra fungos patogénicos *in vitro* e em estufa. As categorias gerais de produtos naturais vegetais são as seguintes **(Kaufman *et al.*, 1999)**: 1) os lípidos, incluindo os hidrocarbonetos simples e funcionalizados, bem como os terpenos; 2) os compostos aromáticos, incluindo os fenóis; 3) os hidratos de carbono; 4) as aminas, os aminoácidos e as proteínas; 5) os alcalóides; e 6) os nucleósidos, os nucleótidos e os ácidos nucleicos. O alho foi considerado o mais eficaz contra o crescimento micelial de todos os fungos patogénicos testados. Estes resultados estavam em harmonia com os obtidos por **(Andrade, *et al.*, 1996; Ejechi, *et al.*, 1997; Rahman *et al.*, 1999; Byron e Hall, 2002; Benkeblia, 2004; Curtis *et al.*, 2004; Satya *et al.*, 2005; Chowdhury, *et al.*, 2008; Osama, 2008; Jularat *et al.*, 2009 e Tanovic, *et al.*, 2009)**. O modo de ação do óleo de alho é determinado pelos compostos activos do alho (compostos de enxofre) que destroem as células fúngicas, diminuindo a absorção de oxigénio, reduzindo o crescimento celular, inibindo a síntese de lípidos, proteínas e ácidos nucleicos, alterando o perfil lipídico da membrana celular e inibindo a síntese da parede celular fúngica **(Gupta e Porter, 2001). Fiori *et al.* (2000) e Farid *et al.* (2002)** referiram que a eficácia das plantas medicinais contra várias espécies de fungos patogénicos dependia da origem da planta medicinal e da sensibilidade dos fungos alvo. Os presentes resultados mostraram que os óleos essenciais das plantas; cebola *(Allium cepa* L.), alho *(Allium sativum* L.) e cravo-da-índia *(Syzygium aromaticum* L.) são capazes de inibir o crescimento do micélio de *F. oxysproum, F. solani, F. monliforme, T. Paradoxa, B. theobromae* e *R. solani,* o que é uma indicação clara do seu potencial como fonte alternativa de fungicidas sintéticos para controlar estes fungos patogénicos. Os metabolitos voláteis das plantas *de Salvia fruticosa* foram analisados por meio de GC e GC-MS. O teor de óleo essencial variou de 0,69 a 4,68% e os resultados das análises mostraram uma variação notável nas quantidades dos cinco componentes principais [1,8-cineol, a-tujona, p-tujona, cânfora e (*E*)-cariofileno]. As actividades antifúngicas dos óleos essenciais de duas localidades, pertencentes a dois grupos diferentes de agrupamento e análise de componentes principais, e os seus componentes principais (1,8-cineol e cânfora) foram avaliados *in vitro* contra cinco fungos fitopatogénicos. Ambos os óleos foram ligeiramente eficazes contra *Fusarium oxysporum* f. sp. *dianthi* e *Fusarium proliferatum*, enquanto que contra *Rhizoctonia solani*, *Sclerotinia sclerotiorum* e *Fusarium solani* f. sp. *cucurbitae* os óleos exibiram actividades antifúngicas elevadas. **(Danae *et al.*, 2003)**.

Os óleos fixos foram testados contra o crescimento micelial. O óleo de jojoba foi o mais eficaz em condições *in vitro* e *in vivo* contra os fungos patogénicos testados. O óleo de jojoba é uma cera de cadeia linear com 36 a 46 carbonos de comprimento, uma ligação éster no meio aproximado da cadeia, utilizada como antimicrobiana. Esses resultados estão de acordo com os relatados por ***Arcil et al.*, 1992; Sanchez *et al.*, 1992; Leonard e Duke (2007).**

Muitos agentes de controlo biológico têm um fraco desempenho em condições de campo e apenas algumas espécies de biocontrolo foram registadas para utilização no campo. O biocontrolo de agentes patogénicos transmitidos pelo solo tem sido mais bem sucedido em condições ambientais controladas, utilizando misturas simplificadas de vasos presumivelmente com baixa diversidade microbiana **(Fravel, 1999; Copping, 2001)**. *Trichoderma* spp. produz metabolitos voláteis e não voláteis que afectam negativamente o crescimento de diferentes fungos **(Moses *et al.*, 1975; Bruce *et al.*, 1984; Corley *et al.*, 1994; Horvath *et al.*, 1995)**. Os agentes de controlo biológico podem utilizar uma variedade de mecanismos de inibição e supressão: (1) competição por recursos e espaço, (2) produção de antibióticos, (3) remoção de factores de patogenicidade produzidos pelo agente patogénico, (4) produção de enzimas de degradação que visam o agente patogénico e (5) indução de resistência na planta hospedeira **(Whipps, 2001)**. A atividade biológica dos fungos e bactérias antagonistas pode estar parcialmente associada à produção de antibióticos **(Pusey e Wilson, 1984; Faull *et al.*, 1994 e Etebarian *et al.*, 2000)**. A produção de antibióticos; Trichodermin **(Godtfredsen e Vangedal, 1964)**, ergokonin **(Kumeda *et al.*, 1994)**. O controlo biológico de agentes fúngicos patogénicos para as plantas parece ser uma abordagem atraente e realista, tendo sido identificados numerosos microrganismos como agentes de biocontrolo. *Trichoderma harzianum* e *Bacillus sublitis* são fungos saprófitas comuns que se encontram em quase todos os solos e na microflora da rizosfera em todas as províncias estudadas, tendo sido investigados como potenciais agentes de biocontrolo devido à sua capacidade de reduzir a incidência de doenças causadas por fungos patogénicos para as plantas, em particular muitos agentes patogénicos comuns transmitidos pelo solo.**; Sivan e Chet, 1986,1987 e 1989; Calvet *et al.*, 1990; Lumsden *et al.*, 1992; Elad *et al.*, 1993; Spiegel e Chet, 1998; Elad e Kapat, 1999; Gupta *et al.*, 1999; Yedidia *et al.*, 1999; Ahmed *et al.*, 2000; Elad, 2000; Harman, 2000; Kredics *et al*, 2000; McQuilken *et al.*, 2001; Roco e Perez, 2001; Patkowska, 2003; Freeman *et al.*, 2004; Ashrafizadeh *et al.*, 2005; El-Katatny *et al.*, 2006; Dubey *et al.*, 2007; Massart e Jijakli, 2007; Sempere e Santamarina, 2007)**.

Todos os fungicidas testados em laboratório reduziram significativamente o desenvolvimento do agente patogénico quando comparados com o controlo. O tratamento com Topsin M70 teve o maior efeito inibitório sobre o crescimento micelial e o recrescimento em todas as concentrações (5, 10, 50, 100, 500 e 1000 ppm). O efeito inibitório do Topsin M70 contra muitos fungos patogénicos do solo de plantas foi relatado por muitos investigadores. (**Atia, *et al.*, 2002; Ammar, 2003 e Korra, 2005**).

Em condições de estufa, a manjerona, o alho e a jojoba foram os agentes abióticos mais eficazes para reduzir a incidência e a gravidade da doença. Esses resultados estão de acordo com **(Andrade *et al.*, 1996; Ejechi *et al.*, 1997; Rahman *et al.*, 1999; Byron e Hall, 2002; Chaudhary *et al.*, 2003; Benkeblia, 2004; Curtis *et al.*, 2004; Satya *et al.*, 2005)**. Por outro lado, os agentes bióticos, *Trichoderma harzianum* e *B. subtilis*, foram os mais eficazes para reduzir a incidência e a gravidade da doença. Esses resultados concordam com os relatados por **(Boyd-wilson *et al.*, 2000)**. Além disso, **(Howell, 2003; Harman, 2006; Abd- El-Khair, *et al.*, 2010)** relataram que *Trichoderma* spp utiliza vários mecanismos, incluindo competição por nutrientes, antibiose, antagonismo, inibição de enzimas de patógenos ou plantas; processos de biodegradação, ciclagem de carbono e nitrogênio; interações complexas com plantas na zona radicular da rizosfera, que envolvem vários processos, como colonização, estímulo ao crescimento de plantas, biocontrole de diversos patógenos de plantas, decomposição de matéria orgânica, simbiose e troca de nutrientes.

O fungicida Topsin M70 foi o mais eficaz para reduzir a doença da podridão radicular da tamareira em condições de estufa. Estes resultados estão de acordo com os relatados por **(Rashed, 1998; Srivastava, *et al.*, 2010)**, que referiram que o Topsin M70, o Kema-Z e o Kocide 101 eram os melhores para a terapia de doenças das palmeiras, especialmente a doença da queimadura negra.

As diferenças obtidas entre os diferentes pesticidas estudados podem ser atribuídas a um ou mais factores, como o modo de ação da célula fúngica **(Watkins, *et al.*, 1977)**, o grau de permeabilidade da parede celular e/ou do plasma-lemma dos fungos para a absorção e passagem do fungicida para a célula fúngica **(Giffin, 1981)** e a composição química do fungicida **(Carnegia, *et al.*, 1990)**.

O tempo de aplicação dos fungicidas desempenhou um papel na redução da gravidade da doença da podridão radicular da tamareira. Os resultados do presente estudo revelaram que a pulverização com os fungicidas antes da inoculação do agente patogénico causou uma maior redução da gravidade da doença. Estes resultados estão de acordo com os relatados por **Mubarak *et al.*, (1994); Rashed (1998); El-Morsi (1999); Ammar (2003); Molan *et al.* (2003)**.

Finalmente, este estudo demonstra a eficácia de certos agentes abióticos e bióticos e fungicidas para controlar vários fungos patogénicos que causam as doenças da podridão radicular da tamareira, que podem ser aplicados num programa de controlo integrado para a gestão das pragas e doenças da tamareira no Egito.

Resumo

As tamareiras, nas condições do Egito, estão sujeitas a infecções com diferentes doenças causadas por muitos fungos patogénicos do solo que provocam uma podridão radicular considerável nos rebentos e nas árvores, causando grandes perdas de tamareiras em quase todos os países onde se cultivam tamareiras. Os resultados obtidos com este trabalho podem ser resumidos da seguinte forma:

1- O levantamento das províncias associadas à doença da podridão radicular da tamareira mostrou que a percentagem mais elevada de incidência e gravidade da doença com podridão radicular indicou que a percentagem mais elevada de incidência (DI%) e gravidade (DS%) da doença com podridão radicular foi registada em Assuão, seguida de Luxor, Behera e Marsa-Matrouh, respetivamente. Enquanto que a percentagem mais baixa foi observada em Ismailia, Sharkyia e Giza, respetivamente.

2- Os fungos associados à podridão radicular da tamareira revelaram a presença de de fungos identificados como oito fungos, *nomeadamente Fusarium* spp., *Botrydiplodia theobromae,* *Thielaviopsis paradoxa, Gliocladium* sp, *Rhizoctonia solani*, *Aspergillus* sp., *Phomopsis* sp., *Stemphylium* sp. foram isolados de amostras de raízes doentes de tamareiras recolhidas em diferentes províncias. Além disso, foram isolados oito fungos diferentes, *nomeadamente Fusarium* spp., *Aspergillus* sp., *Thielaviopsis paradoxa*, *Mucor* sp., *Cladosporum* sp., *Stemphylium* sp., *Alternaria* sp. e *Rhizoctonia solani*, de amostras de solo doentes de tamareiras recolhidas nas mesmas províncias.

3- O teste de patogenicidade em estufa revelou que *F. oxysporum, F. moniliforme, F. solani* e *T. paradoxa* foram os fungos mais virulentos seguidos por *B. theobromae* e *R. solani*. Enquanto que *F. semitectum* não é patogénico.

4- A avaliação da suscetibilidade de certas variedades de tamareira à reação de fungos patogénicos mostrou que a cultivar Zaghloul era mais suscetível a fungos patogénicos, seguida da Hayany e da Sammany em condições de ferimento. Enquanto que a cultivar Hayany foi a mais suscetível a fungos patogénicos, seguida da Sammany e da Zaghloul em condições não feridas.

5- Os efeitos da temperatura e da humidade relativa nos fungos foram recodificados como crescimento micelial *in vitro* e *in vivo* em resposta a dois factores em diferentes graus e níveis. Os resultados dos estudos fisiológicos *in vitro* sobre o crescimento micelial indicaram que a temperatura óptima para *F. moniliforme* e *R. solani* era (25°C), *F. oxysporum* e *T. paradoxa* variavam (25-30°C), enquanto *F. solani* e *B. theobromae* variavam (30-35°C). Enquanto a humidade relativa% óptima para *F. oxysporum, F. moniliforme* e *B. theobromae* foi de (60-70%), *R. solani* foi de (70%), enquanto *F. solani* e *T. paradoxa* foram de (80%). Os resultados *in vivo* indicaram que a temperatura óptima era de (30°C) e a humidade relativa de (60%) para todos os fungos patogénicos testados. Estes resultados são bem utilizados para prever a gravidade da doença (modelo de previsão) para fungos patogénicos, a fim de evitar a doença da podridão radicular em função das temperaturas do ar, do solo e da humidade relativa registadas.

6- Efeito da salinidade do solo na incidência de doenças Ilustrou que a salinidade do solo (argila, areia e argila arenosa) em diferentes níveis não afectou significativamente a germinação das sementes de tamareira cv. Zaghloul, Sammany e Hayany de sementes de tamareira. Por outro lado, *F. oxysporum* foi o fungo patogénico mais eficaz em todos os tipos de solo, seguido de *F. solani* e *F. moniliforme.* Por outro lado, *T. paradoxa*, *B. theobromae* e *R. solani* foram os menos eficazes na germinação das sementes de tamareira em comparação com o controlo.

7- O efeito da salinidade sobre os fungos patogénicos foi observado como redução do crescimento micelial *in vitro* em resposta à salinidade da água a diferentes níveis mostrou que a redução do crescimento micelial não foi detectada na CE 1,40 e 3,13 ds/m^2 respetivamente, enquanto o valor da CE 15,63 ds/m^2 foi o mais eficaz no crescimento micelial, seguido do valor da CE 12,50, 9,38 e 6,25 ds/m^2 respetivamente). Enquanto *F. solani* e *B. theobromae* foram os mais afectados pela salinidade, respetivamente, seguidos por *F. oxysporum* e *F. moniliforme*, respetivamente, moderadamente afectados pela salinidade. Enquanto *T. paradoxa* e *R. soalni* foram os mais afectados pela salinidade, respetivamente.

8- O efeito da salinidade da água com diferentes tipos de solo mostrou que, em condições de solo arenoso, argiloso e arenoso com diferentes níveis de salinidade da água, a gravidade da doença da podridão radicular das plântulas de tamareira aumentou gradualmente com o aumento do nível de salinidade. O nível mais eficaz de salinidade da água foi 26,5 ds/m^2, enquanto o valor de CE de 1,4 ds/m^2 foi o menos eficaz. Enquanto *F. oxysporum* e *T. paradoxa* foram os mais virulentos, respetivamente, seguidos por *F. solani* e *B. theobromae*, respetivamente, foram os moderadamente virulentos. Enquanto *F. moniliforme* e *R. solani* foram os menos virulentos sob níveis de salinidade, respetivamente.

9- O efeito dos extractos de folhas de plantas sobre o crescimento linear de fungos patogénicos revelou que a manjerona e o manjericão foram os extractos de plantas mais eficazes contra todos os fungos patogénicos transmitidos pelo solo, enquanto a hortelã-pimenta e a hortelã-salva foram os extractos de plantas menos eficazes. *R. solani*, *F. oxysporum* e *F. moniliforme* foram os extractos de plantas mais eficazes, respetivamente, seguidos de *T. paradoxa.* Enquanto que *F. solani* e *B. theobromae* foram os menos eficazes com os extractos de plantas, respetivamente. O método de extração com água fria foi a forma mais eficaz de promover a ação do extrato de plantas em comparação com o método de extração com água quente.

10- Todos os óleos essenciais e fixos diminuíram o crescimento linear dos fungos patogénicos em todas as concentrações testadas. O alho como óleo essencial foi o mais eficaz contra os fungos patogénicos. Enquanto o óleo fixo de jojoba foi o mais eficaz contra os fungos patogénicos.

11- O efeito de microrganismos isolados do solo e da rizosfera no crescimento linear de fungos patogénicos demonstrou que *Trichoderma harzianum*, *Bacillus sublitis*. Enquanto o Plant-Guard, como produto comercial, foi o mais eficaz *in vitro* contra o crescimento.

12- O efeito de certos fungicidas no crescimento linear de fungos patogénicos demonstrou que os fungicidas Topsin M70 e Kema-Z inibiram completamente o crescimento linear de *F. oxysporum* a 400 e 500 ppm, respetivamente, *F. moniliforme* a 200 e 400 ppm, respetivamente, *F. solani* a 200 e 400 ppm, respetivamente, *T. paradoxa* a 100 e 200, respetivamente, *B. theobromae* a 50 e 100 ppm, respetivamente, e *R. solani* a 10 e 50 ppm, respetivamente.

13- O efeito de diferentes tratamentos para controlar as doenças da podridão radicular da antes da inoculação com fungos patogénicos em estufa mostrou que o fungicida Topsin M70 foi o mais eficaz contra os fungos patogénicos viz, *F. oxysporum, F. monliforme, F. solani, T. paradoxa, B. theobromae* e *R. solani* em condições de estufa, respetivamente, seguido do fungicida Kema-Z, enquanto o óleo fixo de jojoba foi moderadamente eficaz, seguido do Vitavax, Tachigaren e Moncut, enquanto o óleo essencial de alho, o bioagente Plant-Guard, o fungicida Monceren e o extrato de manjerona foram os menos eficazes contra a gravidade da doença, em comparação com o tratamento de controlo.

14- O efeito de diferentes tratamentos para controlar a doença da podridão radicular da tamareira após a inoculação com fungos patogénicos em estufa mostrou que o fungicida Topsin M70 foi o mais eficaz para reduzir a gravidade da doença contra todos os fungos testados, nomeadamente *F. oxysporum, F. solani, F. monliforme, T. paradoxa, R. solani* e *B. theobromae* em condições de estufa, respetivamente, seguido do Kema-Z, enquanto os fungicidas Jojoba fixed oil, Tachigaren, Moncut e Vitavax foram os tratamentos moderadamente eficazes contra a gravidade da doença, respetivamente. Por outro lado, o óleo essencial de alho, o fungicida Moncut, o extrato vegetal de manjerona e o bioagente PlantGuard foram os tratamentos menos eficazes contra a gravidade da doença, respetivamente, em comparação com o controlo.

REFERÊNCIAS

Abbas, E.H. e Abdulla, A.S. (2003). Primeiro relatório da doença da curvatura do colo em tamareiras no Qatar. Patologia Vegetal 52:790.

Abbas, E.H., Al Izi, M.J., Aboud, H.M. e Saleh, H.M. (1997). Dobramento do pescoço, uma nova doença que afecta as tamareiras no Iraque. Proc. 6th Arab Cong. Plant Prot. Beirute, Líbano (Resumo).

Abbas, I.H., Mouhi, M.N., Al-Roubaie J.T., Hama, N.N. e El- Bahadli, A.H. (1991). *Phomopsis phoenicola* e *Fusarium equiseti,* novos agentes patogénicos da tamareira no Iraque. Mycological Research. 95(4):509.

Abbas, I.H., Mouhi, M.N., Hama, N.N. e Al-Roubaie, J.T. (1989). Ocorrência de fungos patogénicos associados a raízes de tamareiras com sintomas de declínio no Iraque. Procedimentos da 3ed Nat. Conf. de Pragas e Doenças de Vegetais e Frutos no Egito e no País Árabe, Ismailia, Egito, 884-899.

Abdalla, M.Y., Al-Rokibah, A., Moretti, A. e Mule, G. (2000). Patogenicidade de *Fusarium proliferatum* toxigénico de tamareira na Arábia Saudita. Plant Disease, 84 (3): 321-324.

Abdel-Aal, S.I., Sabrah, R.E., Rabie, R.K. e Abdel Magid, H.M. (1997). Avaliação da qualidade da água subterrânea para irrigação na Arábia Saudita Central. Golfo Árabe J. Scient. Res. 15.

Abd-El-Khair , H., Khalifa, R. e Karima, H.E. (2010). Efeito de espécies de *Trichoderma* na incidência de doenças de amortecimento, na atividade de algumas enzimas vegetais e no estado nutricional de plantas de feijão. Journal of American

Science, 6(9):486-497.

Abdullah, F., Ilias, G.N.M., Nelson, M., Namz Izzati e Umi Kalsom, Y. (2003a). Avaliação da doença e eficácia de *Trichoderma* como agente de biocontrolo da podridão basal do caule das palmeiras. Science Putra Research Bulletin, 11 (2): 31-33.

Abdulsalam, K.S., Elsaadany, G.B., Salama, E.A., Abdel-Megeed, M.I., Rezk, M.A., Mahgoup, M.S. e Magboul, A.M. (1993). Situação atual das pragas da tamareira e seu controlo na província oriental da Arábia Saudita. Terceiro Simpósio sobre a Tamareira na Arábia Saudita. Vol. II. 107-124. Centro de Investigação da Tamareira, Universidade Rei Faisal, Al-Hassa, 632.

Aghighi, S.G.H., Shahidi Bonjar, R. Rawashdeh, S. Batayneh e I. Saadoun (2004). Primeiro relatório dos espectros de atividade antifúngica de estirpes de actinomicetos iranianos contra *Alternaria solani, Alternaria alternata, Fusarium solani, Phytophthora megasperma, Verticillium dahliae* e *Saccharomyces cerevisiae.* Asian J. of Plant Sci. 3 (4): 463-471.

Agrios, G.N. (2005). Plant Pathology (5ª edição) Elsevier-Academic Press, San Diego, CA. 922 pp.

Aguin, O., Mansilla, J.P. e Maria, J.S. (2006). Seleção *in vitro* de um fungicida eficaz contra *Armillaria mellea* e controlo da podridão branca da raiz da videira no campo. Pest Manag. Sci. 62, 223-228.

Ahmed, A.S., Sanchez, C. e Candela, E.M. (2000). Avaliação da indução de resistência sistémica em plantas de pimento (*Capsicum annuum*) de *Phytophthora* *capsici* utilizando *Trichoderma harzianum* e a sua relação com a acumulação de capsidiol. Europian Journal of Plant Pathology 106: 9, 817-824.

Akinpelu, D.A. (1999). Atividade antimicrobiana das folhas de *Vernonia amygdalina*. Fitoterapia, 70(4): 425 - 432.

Alexopoulos, C.J., Mims, C.W. e Blackwell, M. (2007). Introductory Mycology, 4Th Ed. Wiley India Pvt Ltd. pp. 880.

AL-MANA, F.A., EL-HAMADY, M.A., Bacha, M.A. e Abdel Rahman, A.O. (1996). Melhoria do desenvolvimento radicular no solo e nas raízes aéreas de rebentos de tamareira. Principes 40: 179-181, 217-219.

Al-Rokibah, A.A., Abdallah, M.Y. e El-Fakharani, Y.M. (1998). Effect of Water Salinity on *Thielaviopsis paradoxa* and Growth of Date Palm Seedlings (Efeito da Salinidade da Água em *Thielaviopsis paradoxa* e Crescimento de Plântulas de Tamareira). Boletim da Faculdade de Agricultura da Universidade do Cairo. 47: 639-648.

Al-Sharidi, A.M. e Al Shahwan, I. (2003). Fungos associados à podridão da inflorescência e dos frutos da tamareira na região de Riyadh, Arábia Saudita. 8th Arab Cong. Plant Prot. 12-16 de outubro, El Beida Libya. (Resumo).

Amadioha, A.C. (2000). Efeitos fungitóxicos de alguns extractos de folhas contra *Rhizopus oryzae.* Int. J. Pest Manage. 52: 311-314.

Amir, H., Riba, O., Amir, A. e Bounaga, N. (1989). Influência da salinidade do solo em palmeirais sobre *Fusarium* I relação entre a densidade de *Fusarium* e a condutividade do solo. Revue d' Ecologie et de Biologie du Sol. 26: 4, 391-406.

Ammar, M.I. (2003). Estudos sobre a doença da podridão do coração da tamareira no Egito. Tese de Doutoramento, Fac. Agric., Cairo Univ., 121pp.

Ammar, M.I. (2007). Espécies *de Fusarium* associadas ao apodrecimento dos rebentos e à murchidão da banana *(Musa* sp.) em condições egípcias. Egyptian J. PhytoPathol. 35(2):81-98.

Andrade Lima, G.S., Lima, N.M.F. e Lopez, A.M.Q. (1996). Efeito de extractos aquosos de bolbos de alho *(Allium sativaum)* na germinação e crescimento micelial de *Botryodiplodia theobromae* Pat. *In vitro.* (Português) Ciencia Agricola. 4: 7-15.

Anónimo (2003). Compêndio de proteção das culturas Wallingford, CABI Publishing, Reino Unido.

Anónimo (2003). The pesticide Manual Twelfth Edition. Ver. 2.2. Conselho Britânico de Proteção das Culturas).

Anónimo (2003b). Center for new crops and plant products. Departamento de Horticultura e Arquitetura Paisagística, Universidade de Purdue, 2003 [citado em 26 de março de 2003]. Disponível em http://www.hort.purdue.edu.

Anónimo (2009). Estudo de Indicadores Importantes das Estatísticas Agrícolas. Ministério da Agricultura e da Recuperação dos Solos. Secção de Assuntos Económicos, Egito.

Arcil, J., Martinez, M., Sanchez, N. e Corma, A. (1992). Formação de um análogo de óleo de jojoba por esterificação de ácido oleico utilizando zeólitos como catalisador, Zeólitos 12: 233-236.

Ari, K. e Yamamoto, A. (1977). Nova doença de *Fusarium* da tamareira das Ilhas

Canárias no Japão (japonês). Boletim da Faculdade de Agricultura, Universidade de Kagoshima. 27: 31-37.

Armengol, A., Moretti, A., Perrone, G., Vicent, A., Bengoechea, J.A. e Garcîa-Jiménez, J. (2005). Identificação, incidência e caraterização de *Fusarium proliferatum* em palmeiras ornamentais em Espanha. European Journal of Plant Pathology 112, 123-131.

Armstrong, G.M. e Armstrong, J.K. (1975). Reflexões sobre a fusariose murcha. Revisão Anual de Fitopatologia, 13: 95-103.

Arx, J.A. von, van der Walt, J.P. e Liebenberg, N.V.D.W. (1981). Sobre *Mauginiella scaettae.* Sydowia 34: 42-45.

Ashrafizadeh, A., Etebarian HR, Zamanizadeh HR (2005). Avaliação de isolados *de Trichoderma* para biocontrolo da murcha de *Fusarium* do melão. Iranian J. Phytopathol. 41:39-57.

Atallah, O.O. (2008). Estudos patológicos sobre algumas doenças da tamareira na província de El-Sharkia. Tese de Mestrado. Fac. Zagazig Univ., 174pp.

Atia, M.M., H. El-Shimy, M.R.A. Tohamy, A.Z. Aly e M.A. Kamhawy (2002). Controlo da doença da morte da videira. Proc. A primeira conferência do Laboratório Central de Pesticidas Agrícolas, 3-5 de setembro de 2002. Vol. 1, 364-375.

Baker, R. e Paulitz, T.C. (1996). Theoretical basis for microbial interactions leading to biological control of soilborne plant pathogens In: Principles and Practice of Managing Soilborne Plant Pathogens. Hall, R. (ed.). The American Phytopathol. Soc. St. Paul, MN. pp. 50-79.

Bao, J., Fravel, D., Lazarovits, G., Chellemi, D., Berkumvan, P. e O'Neil, N. (2004). Genótipos de biocontrolo de *Fusarium oxysporum* de campos de tomate na Florida. Phytoparasitica 32(1):9-20.

Barnett, H.L. e Hunter, B.B. (1999). Illustrated Genera of Imperfect Fungi, 4th. Ed., APS Press, The American Phytopathological Society, St. Paul, Minnesota, EUA, 218p.

Bansal, P.K. e Gupta, P.K. (2000). Evolução dos extractos de plantas contra o agente patogénico *Fusarium oxysporum* wilt. Indian J. Phytopathol, 53: 107-108.

Barakat, F.M., Sabet, K.K., Hussien, S.A. e Rashed, M.F. (1992). Estudos patológicos sobre a deterioração de rebentos de tamareira causados por *Botryodiplodia theobromae* Bulletin of Faculty of Agriculture, Univ. of Cairo.

Bartmanska, A. e Dmochowska-Gladysz, J. (2006). Transformação de esteróides por *Trichoderma hamatum*. Enzyme and Microbial Technology 40: 6, 1615-1621.

Bedlan, G. (1988). Efeito de alguns fungicidas contra *Rhizoctonia solani* Kuhn *in vitro.* I. Pflanzenschutz. 2-3. (c.f. Rev. Pl. Pathol., Vol. 68: 324.

Benkeblia, N. (2004). Atividade antimicrobiana de extractos de óleo essencial de várias cebolas (*Allium cepa*) e alhos (*Allium sativum). Lebensm.*- Wiss.u-Technol. 37: 263-268.

Bennett, J.W. e Christensen, S.B. (1983). Novas perspectivas sobre a biossíntese de aflatoxinas. Avanços em Microbiologia Aplicada 29, 5392.

Bhatm, N. (2001). Avaliação *in vitro* de alguns extractos de folhas contra *Fusarium* spp. que causam o amarelo do gengibre em Sikkim. Plant Disease Research 16(2),

259-262. (c.f. CABI Abstract: 20023033539).

Blaker, N.S. e Mac Donland, J.D. (1986). O papel da salinidade no desenvolvimento da podridão radicular de *Phytophthora* dos citrinos. Phytopathology. 76, 970-975.

Boyd-Wilson, K.S.H, Magee, L.J., Hackett, J.K. e Walter, M. (2000). Teste de isolados bacterianos e fúngicos para controlo biológico de *Fusarium culmorum.* Proc. 53 rd N.Z. Plant Prot. Conf.: 71-77

Brochard, P. e Dubost, D. (1970a). Observations sur de nouveaux foyers de bayoudh dans le département des oasis (Algérie). Bulletin de la Société d'Histoire Naturelle d'Afrique du Nord 60, 185-193.

Brophy, J.J. e Doran, J.C. (1996). Essential oils of tropical *Asteromyrtus, Callistemon* and *Melaleuca* species, ACIAR Monograph No.40.

Bruce, A., Austin W.J. e King B. (1984). Controlo do crescimento de *Lentimus lepideus* por voláteis de *Trichoderma.* Trans. Br. Mycol. Soc. 82: 423-428.

Buchanan, R.E. e Gibbons, N.E. (1974). Bergey's manual of determinative bacteriology, 8th ed., The Williams & Wilkins Co. The Williams & Wilkins Co. Baltimore.

Byron, E.M. e Hall, A.M. (2002). Inibição de fungos patogénicos de cereais comuns por óleo de cravo e óleo de eucalipto. Actas do BCPC: Pests and Diseases, 765-768. Farnham, Surrey.

Calvet, C., Pera, J. e Bera, J.M. (1990). Interação de *Trichoderma* spp. com *Glomus mossaeae* e dois fungos patogénicos da murchidão. Agric. Ecosyst. Environ. (9): 59-65.

Carnegia, S.F., Ruthven, A., Lindsay, D.A. e Hall, T.D. (1990). Efeito dos fungicidas aplicados aos tubérculos de batata-semente na colheita ou após a classificação nas doenças fúngicas de armazenamento e no desenvolvimento da planta. Ann. Appl. Bio, 116: 61-72.

Carpenter, J.B. (1975). Notes on date culture in the Arab Republic of Egypt and the Peoples Republic of Yemen (Notas sobre a cultura da tâmara na República Árabe do Egito e na República Popular do Iémen). Date Growers Inst. Report 52:18-24.

Carpenter, J.P. e Elmer, H.S. (1978). Pragas e doenças da tamareira. Agriculture Handbook 523 USDA 42 pp.

Carrazana, D., Alvarado, Y., Leon, A.L., Quinones, R. e Herrera, L. (1997). Efeito de alguns fungicidas comerciais sobre fungos contaminantes em biofactores. Centro Agricola, 24(1): 61-68.

Chakroune, K., Bouakka, M., Lahlali, R. e Hakkou, A. (2008). Efeito supressivo do composto maduro de subprodutos de tamareira sobre *Fusarium oxysporum* f. sp. *albedinis.* Plant Pathol. J., 7: 148154.

Chang, W.T., Chen, Y.C. e Jao, C.L. (2007). Atividade antifúngica e melhoria do crescimento das plantas por *Bacillus cereus* cultivado em resíduos de quitina de marisco. Bioresour. Technol. 98, 1224-1230.

Chase, A.R. e Broschat, T.K. (1993). Diseases and disorders of ornamental palms. 2ª ed. American Phytopatholgical Society, St. Paul. MN.

Chaudhary, R.F., Patel, R.L. e Chaudhari, S.M. (2003). Avaliação *in vitro* de diferentes extractos de plantas contra *Alternaria alternata* que causa o míldio da batata. Jornal da Associação Indiana da Batata. Indian Potato Association, Shimla, Índia. 30(1/2): 141-142. (c.f. CAB Abstracts 2003/11-2004/7).

Chowdhury, J.U., Bhuiyan, M.N.I. e Nandi, N.C. (2008). Plantas Aromáticas do Bangladesh: Óleos essenciais de folhas e frutos de *Litsea Glutinosa* (Lour.) C.B. Robinson. Bangladesh J. Bot. 37(1): 81-83.

Conrath, U., Pieterse, C.M.J. e Mauch-Mani, B. (2002). Priming in plant-pathogen interactions. Trends in Plant Science, 7: 210216.

Cook, R.J. (1993). Melhor utilização dos microrganismos introduzidos para a luta biológica contra os agentes patogénicos das plantas. Annu. Rev. Phytopathol. 31: 53-80.

Cooke, B.M., Jones, D. Gareth e Kaye, B. (2006). The Epidemology of Plant Diseases, Segunda Edição. Springer Printed in the Netherlands, pp. 583.

Copping, L.G. (2001). The Biopesticide Manual, British Crop Protection Council, Surrey, Reino Unido.

Corley, D.G., Miller-Wideman, M. e Durley, R.C. (1994). Isolamento e estrutura de *Trichoderma harzianum*: um novo richothecene de *Trichoderma harzianum.* J. Natl. Prod. 57: 422-425.

Curtis, H., Noll, U., Stormann, J. e Slusarenko, A.J. (2004). Broadspectrum activity of the volatile phytoanticipin allicin in extracts of garlic *(Allium sativum* L.) against plant pathogenic bacteria, fungi and Oomycetes. Physiological and Molecular Plant pathology, 65: 79-89.

Danae Pitarokili, Olga Tzakou, Anargyros Loukis e Catherine Harvala (2003).

Metabolitos voláteis da Salvia fruticosa como agentes antifúngicos em agentes patogénicos do solo J. Agric. Food Chem, 51 (11), pp 3294-3301.

Davet, P. e Rouxel, F. (2000). Deteção e isolamento de fungos do solo. Science Publishers, Inc., EUA. EUA, pp. 39-162.

Deans, S.G., e Svoboda, K.P. (1990). As propriedades anifúngicas do óleo volátil de margorão *(Origanum majorana* L.). Flavour and Fragrance Journal, 5, 187-190.

Dennis, C. e Webster, J. (1971a). Propriedades antagónicas de grupos de espécies de *Trichoderma* 1. Produção de antibióticos não voláteis. Trans. Br. Mycol. Soc. 57: 25-39.

Dennis, C. e Webster, J. (1971b). Propriedades antagónicas de grupos de espécies de *Trichoderma* II. Produção de antibióticos não voláteis. Trans. Br. Mycol. Soc. 57: 41- 48.

DeWolf, E.D. e Isard, S.A. (2007). Abordagem do ciclo de doenças para a previsão de doenças em plantas. Revisão Anual de Fitopatologia 45: 9.19.18.

Dhahira, B.N. e Qadri, S.M.H. (2010). Controlo biológico da doença da podridão radicular da amoreira *(Fusarium* spp) com microrganismos antagonistas. Jornal de Biopesticidas 3(1 Edição Especial) 090 -092.

Dhingra, O.D. e Sinclair, J.B. (1985). Basic plant pathology methods. Boca Raton, FL, EUA, CRS Press.

Dickinson, C.H. e Boardman, F. (1971). Estudos fisiológicos de alguns fungos isolados de turfa. Tanns. Brit. Mycol. Soc., 55: 293305.

Djerbi, M. (1982). Doença de Bayoudh no Norte de África, história, distribuição, diagnóstico e controlo. Date Palm Journal 1:153-197.

Djerbi, M. (1991). Disease of date palm. Al-Watan Printing Press Co. Beirute, Líbano.

Djerbi, M. (1983). Diseases of the date palm *(Phoenix dactylifera)* Regional Project for Palm and Dates Research Centre in Near East and North Africa .Bagdade, Iraque, FAO. 106 pp.

Djerbi, M. (1998). Doenças da tamareira: Situação atual e perspectivas futuras. Investigação Científica Ciências Agrícolas, 3: 103- 114.

Djerbi, M., Aouada, L., Filali, H., Saaidi, M., Chtioui, A., Sedra, M.H., Aliaoui, M., Hamdaoui, T. e Oubrich, A. (1986). Resultados preliminares da seleção de clones resistentes ao Bayoudh de alta qualidade na população natural de tamareiras do Marrocos. 2° Simpósio sobre a tamareira, 3-6 de março, Arábia Saudita pp 383399.

Djerbi, M., El-Gharft, A. e El-Idrissi, A.M. (1985). Etude de comportement du hemne Lawsonia inermis et de la lu Zerne Medicago sativa et quelques especes de palmaces vis-à-vis du bayoudh. Annales de I Institut National de la Recherche Agronomique de Tunisie 58:1-11.

Domsch, K.H., Gams, W. e Anderson T.H. (1980). Comendium of soil fungi. Vol. 1, 860 pp. Vol. 2, 406 pp. Academic Press, Londres, Reino Unido.

Don, L.C., Lynch, J.M., Whipps, J.M. e Ousley, M.A. (1993). Isolamento e caraterização de Actinomycetes antagonistas de um patógeno de raiz fugal. Appl. Environ. Microbiol. 59, 11:3899-3905.

Dubey, S.C., Suresh, M. e Singh, B. (2007). Avaliação de espécies *de Trichoderma* contra *Fusarium oxysporum* f.sp. *ciceris* para a gestão integrada da murchidão do grão-de-bico. Biol. Contr. 40: 118127.

Duczek, L.J. (1993). O efeito da salinidade do solo nas podridões radiculares comuns do trigo de primavera e da cevada. Canad. J. Plant Sci. 73(1): 323-330.

Dwivedi, B.P. e Shukla, D.N. (2000). Efeito de extractos de folhas de algumas plantas medicinais na germinação de esporos de algumas espécies de *Fusarium*. Karnataka J. Agric. Sci., 13: 153-154.

Edongali, E.A., Khalil, J.A. e Saleh, M.N. (1993). Declínio das tamareiras na Líbia. Terceiro Simpósio sobre a Tamareira na Arábia Saudita. Vol. II. 61-66. Centro de Investigação da Tamareira, Universidade Rei Faisal, Al-Hassa, 632.

Ejechi, B.O., Ojeata, A. e Oyeleke, S.B. (1997). Os efeitos de algumas especiarias nigerianas na bio-deterioração do quiabo *(Abelmoscus esculentus)* por fungos. J. Phytopathol, 145: 469-472.

Elad, Y. (2000). Controlo biológico de agentes patogénicos foliares por meio de *Trichoderma harzianum* e potenciais modos de ação. Crop Prot. 19: 709-714.

Elad, Y, Zimmand, G., Zags, Y., Zuriel, S. e Chet, I. (1993). Utilização de *Trichoderma harzianum* em combinação ou alternância com fungicidas para controlar o bolor cinzento do pepino *(Botrytis cinerea)* em condições comerciais de estufa. Plant Pathol. 42: 324356.

Elad, Y., e Kapat, A. (1999). O papel da protease *de Trichoderma harzianum* no biocontrolo de *Botrytis cinerea.* Jornal Europeu de Patologia Vegetal 105: 177-189.

El-Arosi, H., El-Said, H., Najieb, M.A. e Jabeen, N. (1983). Al- Wijam, doença do declínio da tamareira. Procedimentos do Primeiro Simpósio sobre Tamareira. Al-Hassa, Arábia Saudita, 23-25 de março.

El-Deeb, H.M. (1994). Etiologia das doenças fúngicas dos rebentos de tamareiras e seu controlo. Tese de Mestrado. Fac. Agric., Al-Azhar Univ., 98pp.

El-Deeb, H.M. e El-Naggar, M. A. (2008). Controlo biológico da doença da podridão radicular da bananeira *(Musa Acuminate* Colla). Cv. Williams. Pak. J. Agri., Agril. Engg., Vet. Sci., 2008, 24 (1): 46-52

El-Deeb, H.M., Arab, Y.A. e Lashin, S.M. (2006). Doenças fúngicas dos rebentos da tamareira no Egito. Pak. J. Agri., Agril. Engg., Vet. Sc. 22 (2) 30-34.

El-Deeb, H.M., Lashin, S.M. e Arab, Y.A. (2007). Distribuição e patogénese de fungos de tamareiras no Egito. Ata Hort. 736:421429.

El-Gariani, N.k., El-Rayani, A.M. e Edongali, E.A. (2007). Distribuição de fungos fitopatogénicos na região costeira da Líbia e suas relações com as cultivares. Ata Hort. 736:449-455

El-Katatny, M.H., Abdelzaher, H.M.A. e Shoulkamy, M.A. (2006). Acções antagonistas de *Pythium oligandrum* e *Trichoderma harzianum* contra fungos fitopatogénicos *(Fusarium oxysporum* e *Pythium ultimum* var. *ultimum).* Archives of Phytopathology and Plant Pathology 39 (4): 289-301.

El-Morsi, M.A. (1999). Estudos sobre certas doenças fúngicas da tamareira em New Valley. Tese de Mestrado, Fac. Agric., Univ. de Assuit, 103pp.

El-Morsi, M.A. (2004). Estudos sobre certas doenças fúngicas de rebentos de tamareiras em New Valley, Egito. Tese de Doutoramento, Fac. Agric., Assiut Univ., pp, 110.

El-Tarabily, K.A., M.H. Soliman, A.H. Nassar, H.A. Al-Hassani, K. Sivasithamparam, F. McKenna e G.E.S. Hardy (2000). Biological control of *Sclerotinia minor* using a chitinolytic bacterium and actinomycetes. Plant Pathol, 49: 573-583.

Elliott, M.L., T.K. Broschat, J.Y. Uchida, e G.W. Simone (2004). Compêndio de Doenças e Distúrbios das Palmeiras Ornamentais. St. Paul: American Phytopathological Society Press.

Etebarian, H.R., Scott, E.S. e Wicks, T.J. (2000). *Trichoderma harzianum* T39 e *T. virens* DAR 74290 como potenciais agentes de controlo biológico de *phytophathora erythroseptica*. Eur. J. Plant Pathol. 106: 329-337.

El-Zawahry, Aida, M., El-Morsi, M.A. e Abed-Razik, A.A. (2000). Ocorrência de doenças fúngicas de tamareiras e rebentos na província de New Valley e seu controlo biológico. Assuit J. Agric. Sci., 31: 190-212.

Fakhrunnisa, M.H. Hashmi e Ghaffar, A. (2006). Interação *in vitro* de *Fusarium* Spp. com outros fungos. Pak. J. Bot., 38(4): 13171322.

Fawcett, H.S. e Klotz, L.T. (1932). Diseases of date palm. Calif. Agric. Expt. Stat. Boletim 522, 47pp.

Farid, A.M., Khalequzzaman, K.M., Nazrul Islam, Md., Anam, M.K. e Tahasinul Islam, M. (2002). Efeito de extractos de plantas contra *Bipolaris oryzae* do arroz em condições in vitro. Pakistan Journal of Biological Sciences, 5(4): 442-445.

Faull, J.L. e Craene-Cook, K.A. (1994). Produção de um antibiótico isonitrina por um mutante induzido por U-V de *Trichoderma harzianum.* Phytochemistry 36: 1273-1276.

Fiori, A.C.G., Schwan-Estrada, K.R.F., Vida, J.B., Scapim C.A., Cruz, M.E.S. e Pascholati, S.F. (2000). Atividade antifúngica de extratos de folhas e óleos essenciais de algumas plantas medicinais contra *Didymella bryoniae.* Journal of Phytopathology, 148, 483-487.

Feather, T.V., Ohr, H.D., Munnecke, D.E. e Carpenter, J.B. (1989). A ocorrência de *Fusarium oxysporum* em *Phoenix canariensis,* um perigo potencial para a produção de tâmaras na Califórnia. Plant Disease. 73(1): 78-80.

Field, B., Jorden, F. e Osbourn, A. (2006). Primeiros encontros - implantação de produtos naturais relacionados com a defesa pelas plantas. New Phytol. 172, 193-207.

Franc, G.D., Harveson, R.M., Kerr, E.D. e Jacobsen, B.J. (2001). Manejo de doenças p.131-160 In: Sugarbeet Production Guide.

Fravel, D. (1999). Hurdles and bottelneckes on the road to biocontrol of plant pathogens. Australasian Plant Pathology. 28: 53-56.

Frederix, M.J.J. e Den Brader, K. (1989). Resultados dos ensaios de desinfeção dos solos que contêm os grãos de *Fusarium oxysprum* f.sp. *albedinis* FAO/PNUD/RAB/88?024 Ghardaa, Argélia.

Freeman, S., Minz, D., Kolesnik, I., Barbul, O., Zreibil, A., Maymon, M., Nitzani, Y., Kirshner, B., Rav-David, D., Bilu, A., Dag, A., Shafir, S. e Elad, Y. (2004). Biocontrolo de *Trichoderma* de *Colletotrichum acutatum* e *Botrytis cinerea,* e sobrevivência em morango. Eur. J. Plant Pathol. 110: 361-370.

Gary, W. Oehlert (2010). Um primeiro curso de conceção e análise de experiências. W.H. Freeman; 1ª edição. 600pp.

Ghaffar, A. (1988a). Biological control of sclerotial diseases In: Biocontrolo de doenças das plantas. (Eds.): K.G. Mukerji e K.L. Garg. CRC Press Inc., Boca Raton, Florida, EUA. Boca Raton, Florida, EUA, pp.153-175

Ghaffar, A. (1988b). Centro de Investigação de Doenças Transmitidas pelo Solo. Relatório final de investigação, 1 de janeiro de 1986-30 de junho de 1988, pp.110, Univ. Karachi, Karachi, Paquistão.

Ghaffar, A. (1992). Realizações no controlo biológico de pragas e parasitas do solo no Paquistão. pp. 287-293. In: Actas do seminário internacional COMSTECH-NIAB sobre pragas e parasitas agroclimatológicos e seu controlo. (Eds.): F.F. Jamil e S.H. M. Naqvi. NIAB, Faisalabad, Paquistão.

Giffin, D.H. (1981). Fungal physiology. John Wiley Sons, Nova Iorque, Chichester, Brinsbane, Toronto e Singapura, 383pp.

Gleason, M.L., Katrina, B.D., Jean, C., Batzer, S.E.T., Paulo C.S., José, E.B.A.M. e Terry, J.G. (2008). Obtenção de dados meteorológicos para sistemas de alerta de doenças das culturas: a duração da humidade das folhas como um estudo de caso. Sci. Agric. (Piracicaba, Brasil), v.65, número especial, p.76-87.

Godtfredsen, W. O. e Vangedal, S. (1964). *Trichodermin,* um novo antibiótico, relacionado com a tricotecina. Proc. Chem. Soc. London, 188.

Gupta, V.K. (2010). Caracterização molecular do patógeno *Fusarium* wilt da goiaba

(Psidium guajava L.) usando RAPD e microssatélite. Tese de doutoramento, CISH-AU, UP, Índia.

Gupta, N. e Porter, T.D. (2001). Garlic and Garlic-Derived Compounds Inhibit Human Squalene Monooxygenase. Journal of Nutrition.131:1662-1667.

Gupta, V.P., Tewari, S.K.G. e Bajpai, A.K. (1999). Ultra-estrutura do micoparasitismo de espécies de *Trichoderma, Gliocladium* e *Laetisaria* em *Botryodiplodia theobromae*. Journal Phytopathology, 147 (1): 19-24.

Harman, G.E. (2000). Mitos e dogmas do biocontrolo: Mudanças nas percepções derivadas da investigação sobre *Trichoderma harzianum* T-22. Doenças das Plantas 84: 377-393.

Harman, G.E. (2006). Visão geral dos mecanismos e usos de *Trichoderma* spp. Phytopathology, 96(2): 190-194.

Harman, G.E., Chet, I. e Baker, R. (1980). Efeitos *de Trichoderma hamatum* na doença de sementes e plântulas induzida em rabanete e ervilha por *Pythium* spp. ou *Rhizoctonia solani.* Phytopathology 70: 1167-1172.

Harrison, N.A., Womack, M. e Carpio, M.L. (2002). Deteção e caraterização de Phytoplasma do grupo do amarelecimento letal (16SrIV) em tamareiras das Ilhas Canárias afectadas pelo declínio letal no Texas. Plant Disease 86:676-681.

Hay, R.K.M. e Waterman, P.G. (1993). Volatile oil crops: their biology, biochemistry and production. Longman, Reino Unido. pp. 1-4.

Henis, Y.A., Ghaffar, A. e Baker, R. (1979). Indução de solo supressivo a *Rhizoctonia solani.* Phytopathology, 69: 11641169.

Horvath, E.M., Burgel, J.L. e Messner, K. (1995). A produção de metabolitos antifúngicos solúveis pelo fungo de biocontrolo *Trichoderma harzianum* em ligação com a formação de conidiósporos. Mat. Org. 29: 1-4.

Howell, C.R. (2006). Understanding the mechanisms employed by *Trichoderma virnes* to effect biological control of cotton diseases. Phytopathology, 96(2): 178-180.

Imohamed, A.A. (2000). Estudos sobre a podridão radicular e a doença do amortecimento *do feijão Faba.* Tese de Mestrado, Fac. Agric., Zagazig Univ.

Ishii, H. (2006). Impacto da resistência aos fungicidas dos agentes patogénicos das plantas no controlo das doenças das culturas e no ambiente agrícola. Jpn. Agric. Res. Q. 40, 205-211.

John, F.L. e Summerell, B.A. (2006). The *Fusarium* Laboratory Manual. Blackwell Publishing, Ames, IA, EUA. 388 pp.

Julārat, U., Apinya, P., Peerayot, K.K. e Pitipong T. (2009). Propriedades antifúngicas de óleos essenciais de plantas medicinais tailandesas contra fungos patogénicos do arroz. Como. J. Food Ag-Ind. 2009, Edição Especial, S24-S30.

Kamalakannan, A., Shanmugam, V., Surendran, M. e Srinivasan.

R. (2001). Propriedades antifúngicas de extractos de plantas contra *Pyricularia grisea,* o agente patogénico da explosão do arroz. Indian Phytopathology. 54(4), 490-492. (c.f. CABI Abstract: 20023029446).

Kararah, M.A. e Ammer, M.I. (2003). Doença da podridão do coração da tamareira no Egito. Actas da Conferência Internacional sobre Tamareira. Faculdade de Agric. e Vet. Med. Qassem Branch, Ministério do Ensino Superior, Arábia Saudita, 16-19 de setembro, pp 309323.

Katzer, G. (1998). Gernot Katzer's Spice Pages, 1998 (citado em 26 de março de 2003). Disponível em http://www-ang.kfunigraz.ac.at/~katzer.

Kaufman, P.B., Cseke, L.J., Warber, S. e Duke J.A., Brielmann H.L. (1999). Natural Products From plants. CRC Press, Boca- Raton, Florida.

Khalil, J.A., Edongali, E.A. e Saleh, M.N. (1986). Doença de declínio das tamareiras *(Phoenix dactylifera* L.) na Líbia. O Segundo Simpósio sobre a Tamareira na Arábia Saudita. Vol. II. 487-490. Centro de Investigação de Tâmaras da Universidade Rei Faisal, Al- Hassa, 642.

Koch, E. (1999). Avaliação de produtos comerciais de controlo microbiano de doenças das plantas transmitidas pelo solo. Proteção das culturas. 18: 119-125.

Kordali, S., Cakir, A., Zengin, H. e Duru, M.E. (2003). Actividades antifúngicas das folhas de três espécies de *Pistacia* cultivadas na Turquia. Fitoterapia 74, 164-167.

Korra, A.M.E. (1989). Murchidão de pomóideas e prunóideas com especial referência à murchidão do pessegueiro. Tese de Mestrado, Fac. Agric., Cairo Univ. 169 pp.

Korra, A.M.E. (2005). Estudos patológicos sobre a podridão radicular e do cormo da bananeira. Tese de Doutoramento, Fac. Agric., Cairo Univ. 133 pp.

Kredics, L.D., Doczi, I., Antol, Z. e Manczinger, L. (2000). Efeito dos metais pesados no crescimento e nas actividades enzimáticas extracelulares de estirpes *de Trichoderma* micoparasitas. Biulletin of Environmental Contamination and Toxicology 66 (2): 249-252.

Kumeda, Y., Asao, T., Lida, A., Wada, S. e Futami S, Fuijita T. (1994). Efeitos da ergokonina produzida por *Trichoderma viride* no crescimento e desenvolvimento morfológico de fungos. Bokin Bobai 22: 663-670.

Leach, L.D. (1986). Doenças das plântulas p. 4-8 In: Compêndio de Doenças e Insectos da Beterraba. E.D. Whitney e J.E. Duffus, eds. APS Press, The American Phytopathological Society, St. Paul. 76 pp.

Lee, H.S. (2007). Propriedade fungicida do componente ativo derivado do rizoma de *Acorus gramineus* contra fungos fitopatogénicos. Bioresour. Technol. 98, 1324-1328.

Lee, J.Y. e Hwang, B.K. (2002). Diversidade de actinomicetos antifúngicos em vários solos vegetativos da Coreia. Canadian J. Microbiol, 48: 407-417.

Letessier, M.P., Svoboda, K.P. e Walters, D.R. (2001). Atividade antifúngica do óleo essencial de hissopo *(Hyssopus officinalis).* Journal of Phytopathology 149 (11-12):673.

Leonard G.C. e Duke, S.O. (2007). Produtos naturais que têm sido utilizados comercialmente como agentes de proteção das culturas. Pest Management Science, 63:524-554.

Lifshitz, R., Windham, M.T. e Baker, R. (1986). Mecanismo de controlo biológico do amortecimento pré-emergente da ervilha através do tratamento de sementes com *Trichoderma* spp. Phytopathology 76: 720-725.

Linde, C. e Smit, W.A. (1999). Primeiro Relatório Causado por *Ceratocystis Radicicola* em Tamareira na África do Sul. Plant Dis., D-1999- 0721-01n.

Lumsden, R.D., Locke, J.C., Adkins, S.T., Walter, J.F. e Ridout, C.J. (1992). Isolamento e localização do antibiótico gliotoxina produzido por *Gliocladium virens* a partir de alginato de prill no solo e em meios sem solo. Phytopathology 82: 230-235.

Mackinaite, R. (1997). O efeito dos fungicidas nos agentes de podridão radicular da luzerna "Proteção Integrada das Plantas": realizações e problemas. Procedimentos da conferência científica dedicada ao 70° aniversário da ciência da proteção das plantas na Lituânia, Dotnuva-Akademija, Lituânia, 7-9 de setembro de 1997. 84-87.

Mandel, Q, Ayub, N. e Gul, J. (2005). Levantamento de espécies *de Fusarium* num ambiente árido de Bahrin. VI. Biodiversidade do género *Fusarium* no ecossistema raiz-solo da comunidade halófita de tamareiras *(Phoenix dactylifera)*. Cryptogamie, Mycologie, 26(12): 365-404.

Mansoori, B. e Kord, M.H. (2006). Morte amarela: Uma doença da tamareira no Irão causada por *Fusarium solani*. J. Phytopathology 154:125-127

Marois, J.J., Mitchell, D.J. e Sonoda, R.M. (1981). Biological control of Fusarium crown rot of tomato under field conditions. Phytopath, 71: 1257-1260.

Martin, S.B., Lucas, L.T. e Campbell, C.L. (1984). Sensibilidade comparativa de *Rhizoctonia solani* e fungos do tipo Rhizoctonia a fungicidas selecionados *in vitro*. Phytopathology. 74(3): 778-781.

Massart, S. e Jijakli, H.M. (2007). Utilização de técnicas moleculares para elucidar os mecanismos de ação dos agentes de biocontrolo fúngicos: A review. Journal of Microbiological Methods 69 (2): 229-241.

Mather, J.P. e Roberts, P.E. (1998). Introdução à cultura de células e tecidos. New

York: Plenum Press Publishing.

McCoy, R.E. (1976). Epidemiologia comparativa do amarelecimento letal. Kaincop e cadang-cadang do coqueiro. Plant Dis. Reptr. 60:498-502.

McQuilken, M.P., Gemmell, J. e Lahdenpera, M.L. (2001). *Gliocladium catenulatum* como potencial agente de controlo biológico do damping off em plantas de cama. Journal of Phytopathology 149 (3/4): 171-178.

Meena, B., e Muthusamy, M. (2002). Propriedades fungitóxicas de extractos de plantas contra *Sclerotium rolfsii* em jasmim. Journal of Ornamental Horticulture (New Series) 5 (1), 82-83. (c.f. CABI Abstract: 20023080802).

Mercier, S. e Louvet, J. (1973). Investigação sobre as doenças *de Fusarium*, X. a murchidão vascular (*Fusarium oxysporum*) da tamareira das Canárias (*Phoenix canariensis*). (Francês). Annales de Phytopathologie. 5(2): 203-211.

Mishra, D. e Rath, G.C. (1988). Avaliação *in vitro* de produtos químicos contra *Fusarium* spp. que causam a podridão pós-colheita de produtos hortícolas. Pesticides Bombay. 22(2): 44-47.

Molan, Y.Y., Kamel, A. e El-Hussieni, S. (2003). Atividade antifúngica de alguns extractos de plantas e de espécies *de Trichoderma* em comparação com fungicidas conhecidos contra Chlara paradoxa que causa a queimadura negra na tamareira. Procedimentos da Conferência Internacional sobre Tamareira, 13-19 de setembro, Coll. Agric. And Vet. Med. KSU, Qaseem, Arábia Saudita, p. 435-443.

Monte, E. (2001). Compreender *Trichoderma:* entre a biotecnologia e a ecologia microbiana. Revista Internacional de Microbiologia 4:14.

Montesinos, E. (2003). Desenvolvimento, registo e comercialização de pesticidas microbianos para a proteção das plantas. Int. Microbiol. 6, 245- 252.

Moses, M.O., Jackson, R.M. e Rodgers, D. (1975). A caraterização de 6- pent-1-enil. Pirona de *Trichoderma viride.* Phytochemistry 14: 2706-2708.

Mubarak, H.F., Riaz, M., As-Saeed, I. e Hameed, J.A. (1994). Estudos fisiológicos e controlo químico da doença da queimadura negra da tamareira causada por Thielaviopsis paradoxa no Kuwait. Pakistan J. Phytopath, 6(1): 7-12.

Muller-Riebau, F., Berger, B. e Yegen, O. (1995). Composição química e propriedades fungitóxicas para fungos fitopatogénicos de óleos essenciais de plantas aromáticas selecionadas que crescem em estado selvagem na Turquia. J. Agric. Food Chem. 43, 2262-2266.

Nedelink, J. (1986). Suscetibilidade de algumas cultivares de trevo vermelho a *Fusarium* spp. selecionadas e o efeito de fungicidas no crescimento de *Fussarium* spp. *In Vitro.* (c.f. Rev. Pl. Pathol., 1988, Vol. 67)

Nelson, E.B., Harman, G.E. e Nash, G.T. (1988). Melhoria do controlo biológico *induzido por Trichoderma* do apodrecimento das sementes *por Pythium* e do amortecimento pré-emergente das ervilhas. Soil Biol. Biochem. 20: 145150.

Nelson, P.E., Toussoun, T.A. e Marasas, W.F.O. (1983). Espécies *de Fusarium*: An Illustrated Manual for Identification. Pennsylvania State University Press, University Park. 193pp.

Northover, J. e Schneider, K. E. (1 996). Modos de ação física do petróleo e dos óleos vegetais sobre o oídio e o míldio da videira. Plant Disease. 80:544-550.

Nunez, Y.O., Salabarria, I.S., Collado, I.G. e Hernandez-Galan, R. (2006). A atividade antifúngica do widdrol e a sua biotransformação por *Colletotrichum gloeosporioides* (penz) Penz. & Sacc. e *Botrytis cinerea* Pers. Fr. J. Agric. Food Chem. 54, 7517-7521.

Oihabi, A. (2000a). A tamareira no Norte de África e no Próximo Oriente: produção e limitações. Simpósio internacional sobre a tamareira, Namíbia.

Oihabi, A. (2000b). Relatório técnico: recursos genéticos da tamareira no Norte de África. Simpósio internacional sobre a tamareira, Namíbia.

Ojala, T., Remes, S., Haansuu, P., Vuorela, H., Hiltunen, R., Haahtela, K. e Vuorela, P. (2000). Antimicrobial activity of some coumarin containing herbal plants growing in Finland. J. Ethnopharmacol. 73, 299-305.

Olufolaji, D.B. (1999). Controlo da podridão húmida de Amaranthus sp.causada por Choanephora cocurbitarum com extractos de Azadirachta indica. J. Sustain. Agric. Environ. 1(2): 183-190.

Osama, O.A.A. (2008). Estudos patológicos sobre algumas doenças da tamareira na província de El-Sharkia. Tese de Mestrado, Fac. Agric., Zagazig Univ., 174 pp.

Otten, W. e Gilligan, C.A. (1998). Efeito das condições físicas na dinâmica espacial e temporal do fungo patogénico *Rhizoctonia solani*, transmitido pelo solo. New Phytologist, 138, 629-637.

Papavizas, G.G. (1985). *Trichoderma* e *Gliocladium:* Biologia, ecologia e potencial de biocontrolo. Ann. Rev. Phytopathol. 23: 23 - 54.

Parveen, S., e Kumar, V.R. (2000). Efeito de extractos de algumas plantas medicinais no crescimento de *Alternaria triticina*. Journal of Phytological Research Vol.13, No.2, pp.195-196. (c.f. CABI Abstract: 20013102241).

Patkowska, E. (2003). O efeito dos microrganismos da filosfera na salubridade das partes aéreas da soja (*Glycie max* L.) (Merrill). Hortorum Cultus 2(1): 65-71.

Purseglove, J.W. (1974). Culturas tropicais: Dicotyledons. Longmans, Londres.

Pusey, P.L. e Wilson C.L. (1984). Controlo biológico pós-colheita da podridão castanha dos frutos de caroço por *Bacillus subtilis.* Plant Dis. 70: 587-590.

Rahman, G.M.M., Islam, M.R. e Wadud, M.A. (1999). Tratamento de sementes com extractos de plantas e água quente: um potencial método biofísico de controlo de infecções transmitidas por sementes de trigo. Bangladesh Journal of Training and Development. 12(12): 185-190.

Rashed, M.F. (1998). Estudos patológicos sobre a doença da queimadura negra da tamareira. Doutoramento, Fac. Agric., Cairo Univ., 120pp.

Rashed, M.F. e Abdel Hafeez, N.E. (2001). Declínio das tamareiras no Egito. 2nd Int. Conf. Date Palm, 25-27 de março Al Ain, UAE, pp 401-407.

Rasmussen, S.L., e Stanghellini, M.E. (1988). Effect of salinity stress on development of *Pythium* blight in *Agrostis palustris.* Phytopathology. 78:1495-1497.

Rattan, S.S. e Dboon, A.H.A. (1980). Notas sobre fungos associados à tamareira I. Sydowia 32:246-273.

Roco, A. e Perez, L.M. (2001). Análise do biocontrolo *in vitro* de *Trichoderma harzianum* sobre *Alternaria alternata* na presença de reguladores de crescimento. Biotecnologia Vegetal 4 (2): 68-73.

Saaidi, I, Namsi, A., Ben Mahmoud, O., Takrouni, M.I., Zouba, A., Bove, M. e Duran-Vila, N. (2006). Primeiro relatório da "Maladie des feuilles Cassantes" (doença das folhas quebradiças) da tamareira na Argélia. New Disease Reports 13.

Saaidi, M. e Rodet, J. (1974). Lutte contre le Bayoud : II. Efficacité de deux fongicides sur *Fusarium oxysporum* f. sp. *albedinis* agent du Bayoud *in vitro.* Al Awania.

Sachs, G. (1967). Sur la presence d *Omphalia* sp. Bliss dans une palmeraie Muritanieene. Fruits 22:497-501.

Saleh, M.N., Keshera, B., Edongali, E.A. e Khalil, J.A. (1986). Algumas doenças causadas por fungos que atacam a tamareira *Phoenix dactylifera* L. na Líbia. O Segundo Simpósio sobre a Tamareira na Arábia Saudita. Vol. II. 480-486. Centro de Investigação de Tâmaras da Universidade Rei Faisal, Al-Hassa, 642.

Samir, K.A., Leticia Asensio, Elena Monfort, Sonia Gomez-Vidal, Jesus, S., Luis, V.L.L. e Hans, B.L. (2009). Incidência dos dois agentes patogénicos da tamareira, *Thielaviopsis paradoxa* e *T. punctulata*, no solo de plantações de tamareira em Elx, Sudeste de Espanha. Journal of Plant Protection Research Vol. 49, No. 3: 276279.

Sanchez, N., Coteron, A., Mortinez, M. e Aracil, J. (1992). Análise Cinética e Modelação da Esterificação de Ácido Oleico e Álcool Oleílico Utilizando Cloreto de Cobalto como Catalisador, Ind. Eng. Chem. Res. 31:1985-1988.

Sangoyoni, T.E. (2004). Deterioração fúngica pós-colheita do inhame *(Dioscorea rotundata* Poir) e seu controlo. Tese. Instituto Internacional de Agricultura Tropical.

Ibadan, Nigéria. 179 pp.

Sarhan, A.R.T. (2001). Um estudo sobre os fungos que causam o declínio das tamareiras no meio do Iraque 2nd Int. Conf. Date Palm, 25-27 de março, Al Ain, EAU pp 424-430.

Satya, V.K., Radhajeyalakshmi, R., Kavitha, K., Paranidharan, V., Bhaskaran, R. e Velazhahan. R. (2005). Atividade antimicrobiana *in vitro* do extrato de folhas de zimmu *(Allium sativum* L.). Arquivos de Fitopatologia e Proteção das Plantas 38(3): 185-192.

Seaby, D. (1987). Infeção de composto de cogumelos por espécies de *Trichoderma*. Mushroom J. 179: 355-361.

Sedra, M.H. (1994). Avaliação da resistência de cultivares de tamareira ao mal de bayoud (*Fusarium oxysporum* f.sp. *albedinis*). Comparação dos métodos de inoculação experimental no campo e no viveiro. Agronomie. 14(7): 445-452. (c.f. Rev. of Plant Pathology, 1995. 74(5): 2986).

Sedra, M.H. e Besri, M. (1995). Efeito da concentração de inóculo de *Fusarium oxysporum* f.sp. *albedinis* e do método de inoculação in vitro de plântulas de tamareira em estufa na avaliação da sua resistência ao bayoud. Al Awamia. 88: 111122. (c.f. Rev. of Plant Pathology, 1996. 75(8): 5456).

Sempere, F. e Santamarina, M. (2007). Análise do biocontrolo *in vitro* de *Alternaria alternata* (Fr.) Keissler em diferentes condições ambientais. Mycopathologia 163 (3): 183-190.

Setzer, M.C, Setzer, W.N., Jackes, B.R., Gentry, G.A. e Moriarity, D.M. (2001).

The Medicinal Value of Tropical Rainforest Plants from Paluma, north Queensland, Australia (O valor medicinal das plantas da floresta tropical de Paluma, norte de Queensland, Austrália). Pharmaceutical Biology 39 (1):67-68.

Shirling, E.B. e Gottlieb, D. (1966). Métodos para a caraterização de espécies de Streptomyces. Int. J. Systematic Bacteriol, 16: 313340.

Shivpuri, A., Sharma, O.P. e Jharnaria, S.L. (1996). Propriedades tóxicas de extractos de plantas contra fungos patogénicos. J. Mycol. Plant Pathol, 27: 29-31.

Shoemaker, R.A. e Babcock, C.E. (1989). Phaeosphaeria. Can. J. Bot. 67:1500-1599.

Shukla, A.N., Tandon, K. e Pandey, R. (2002). Micoflora associada e seu controlo através da utilização de extractos de plantas nas sementes de *Acacia catechu.* Indian Journal of Forestry, M/S Bishen Singh Mahendra Pal Singh, Dehra Dun, Índia. 25 (1-2): 42-52. (c.f. CAB Abstracts 2002/08-2004/11).

Singleton, L.L., Mihail, D.J. e Rush, M.C. (1992). Methods for Research on Soil-borne Phytopathogenic Fungi. St. Paul, Minnesota: The American Phytopathological Society.

Singh, H.N.P., Prasad, M.M. e Shinha, K.K. (1993). Eficácia dos extractos de folhas de algumas plantas medicinais contra o desenvolvimento de doenças na bananeira. Lett. Microbiol, 17: 269-271.

Sivan, A. e Chet, I. (1986). Biological control of *Fusarium* spp. in cotton, wheat and muskmelon by *Trichoderma harzianum.* Journal of Phytopathology 116, 39-47.

______(1987). Controlo biológico de Fusarium crown rot do tomateiro por

Trichoderma harzianum em condições de campo. Plant Disease 71,587-592.

______ (1989). Degradation of Fungal Cell Walls by Lytic Enzymes of *Trichoderma harzianum [*Degradação de paredes celulares de fungos por enzimas líticas de *Trichoderma harzianum*]. Journal of General Microbiology, 135, 675-682.

Solomon, M.E. (1951). Controlo da humidade com hidróxido de potássio, ácido sulfúrico ou outras soluções. Boletim de Investigação Entomológica 42: 130-141.

Srivastava, S., Singh, V.P., Kumar, R., Srivastava, M., Sinha, A. e Simon, S. (2010). Avaliação *in vitro* de Carbendazim 50% WP, antagonistas e botânicos contra *Fusarium oxysporum* f.sp. *psidii* associado ao solo da rizosfera de Guava. Asian J. of Plant Pathol. 1-8.

Steffens, J.J., Pell, E.J. e Tien, M. (1996). Mecanismos de resistência aos fungicidas em fungos fitopatogénicos. Curr. Opin. Biotechnol. 7, 348-355.

Suganda, T. e Yulia, E. (1998). Efeito do extrato aquoso bruto do rizoma do capim cogumelo *(Imperata cylindrica* Beauv.) contra a doença Fusarium wilt do tomate. International-Pest-Control. v.40(3):79-80. ref. (Texto em En) Padjadjaran University, (Indonesia).

Suleiman, M.N., Emua, S.A. e Taiga, A. (2008). Efeito de extractos aquosos de folhas num fungo de mancha *(Fusarium* sp.) isolado de compea. Am.-Eurasian J. Sustain Agric., 2(3): 261-263.

Suleman, P., Al Musallam, A. e Menezes, C.A. (2001). O efeito do potencial solte e do stress hídrico na queimadura negra causada por *Chalara paradoxa* e *Chalara radicicola* em tamareiras. Plant Dis. 85:80-83.

Suleman, P., Al Musallam, A. e Menzes, C.A. (2002). O efeito do biofungicida Mycostop em *Ceratocystis radicicola,* o agente causal da queimadura negra na tamareira. Bio Control 47:207-216.

Swanson, T.A. e Van Gundy, S.D. (1985). Influências da temperatura e da idade da planta na diferenciação de raças de *Fusarium oxysporum* f. sp. *tracheiphilium* em feijão-frade. Plant Dis. 69: 779-781.

Tanovic, B., Potocnik, I., Delibasic, G., Ristic, M., Kostic, M. e Mirjana Markovic (2009). Efeito *In Vitro* de Óleos Essenciais de Plantas Aromáticas e Medicinais em Patógenos de Cogumelos: *Verticillium fungicola* var. *fungicola, Mycogone perniciosa,* e *Cladobotryum* sp. Arch. Biol. Sci., Belgrado, 61 (2):231-237.

Thomas, C.S., Gubler, W.D. e Leavi, H.G. (1994). Teste de campo de um modelo de previsão da doença do oídio em uvas na Califórnia. Phytopathology. 84: 1070.

Thomas, D.L. (1974). Possível relação entre espécies de palmeiras em declínio e o amarelecimento letal dos coqueiros. Proc. Fla. State Hort.Soc. 87: 502-504.

Tjamos, E.C., Antoniou, P.P. e Panagopoulos, C.G. (1992). Controlo de *Clavibacter michiganensis* subsp. michiganensis após aplicação de solarização do solo em casas de plástico para tomate. Phytopathology 82, 1076, Resumo.

Turner, P.D. (1981). Oil Palm Diseases and Disorders. Oxford University Press. p. 280. Oxford University Press, Nova Iorque, EUA.

Tust, J.J., Peris, V. e Tomas, A. (2002). Etiologia da secagem e morte da palmeira *Phoenix canariensis*. Boltein de Sanidad Vegetal, Plagas. Ministerio de Agricultura, Pescay Alimentaction, Madrid, Espanha. 28(1): 33-41. (c.f. CAB Absetrcts, 2002/08-

2004/11).

Vigier, B., Reid, L.M., Seifert, K.A. (1997). Distribuição e previsão de espécies de *Fusarium* associadas à podridão da espiga do milho em Ontário. Canadian Journal of Plant Pathology, 19: 60-65.

Wang-Ching Ho e Wen-Hsiung Ko. (1997). Um método simples para obter isolados de fungos com um único esporo. Bot. Bull. Acad. Sin. 38: 41-44.

Watkins, J.E., Littefield, L.J. e Statler, G.D. (1977). Efeito do fungicida sistémico 4-n-butil-1,2,4- triazol no desenvolvimento de *Puccinia recondite* f.sp. *tritici* no trigo. Phytopathology, 67: 985.

Weller, D.M. (1988). Biological control of soilborne pathogens in the rhizosphere with bacteria. Revisão Anual de Fitopatologia. 26: 379-407.

Whipps, J.M. (2001). Microbial interactions and biocontrol in the rhizosphere. Journal of Experimental Botany. 52: 487-511.

Wokocha, R.C. e Okereke, V.C. (2005). Atividade fungitóxica de extractos de algumas plantas medicinais em *Sclerotium rolfsii,* organismo causal da podridão basal do caule do tomateiro. Níger. J. Plant Prot. 22: 106-110.

Wollum, II, A.G. (1982). Cultural methods for soil microorganisms, A.L. Page, R. H. Miller e D. R. Keeney (eds.) Methods of soil analysis. Parte 2 - propriedades químicas e microbiológicas. Segunda edição. ASA e SSSA pub. Madison Wisconsin, EUA, pp: 781-802.

Yedidia, I., Benhamou, N. e Chet, I. (1999). Indução de respostas de defesa em plantas de pepino *(Cucumis sativus* L.) pelo agente de biocontrolo *Trichoderma* harzianum. Appllied Environmental Microbiology 65: 1061-1070.

Yusuf, Abou-Jawdah, Hana Sobh e Abdu Salameh (2002). Actividades antimicóticas de uma flora vegetal selecionada, que cresce em estado selvagem no Líbano, contra fungos fitopatogénicos. J. Agric. Food Chem. 50 (11), pp 3208-3213.

Zaid, A., de Wet, P.F., Djerbi, M. e Oihabi, A.C. (2002). Doenças e pragas da tamareira. In Date Palm Cultivation. FAO Plant Production and Protection Paper 156. (eds.) Zaid, A. e Arias-Jimenez, E. pp227-281.

Zaman, M.A, Saleh, A.K.M., Rahman, G.M.M, e Islam, M.T. (1997). Fungos da mostarda transmitidos por sementes e seu controlo com extractos de plantas indígenas. Bangladesh Journal Plant Pathology, 13 (1/2): 25-28.

Printed by Books on Demand GmbH, Norderstedt / Germany